U0729528

常用 80 种计量器具
使用保养方法

郑下农　编著

国防工业出版社

·北京·

内容简介

本书对生产中使用的长度计量、力学计量、电学计量、温度计量等专业方面常用80种计量器具的测量原理、适用范围、操作步骤、维护保养方法、量具配置技术要求、计量标记种类与识别、量具异常时的处理方法、定置摆放的要求与示例、防锈防振要求与方法、防酸防碱要求与方法、简单测量工具的计量管理等日常管理的方法作了系统的图文并茂的介绍。

本书主要适用于工厂的车间主任、技术人员、工人使用计量器具时参考，以及大专院校、职业技术学院、中等专业学校的学生学习时参考。

图书在版编目(CIP)数据

常用80种计量器具使用保养方法／郑下农编著. ——
北京：国防工业出版社,2011.8
ISBN 978 - 7 - 118 - 07363 - 8

Ⅰ. ①常... Ⅱ. ①郑... Ⅲ. ①计量仪器－使用②计量仪器－保养 Ⅳ. ①TH71

中国版本图书馆 CIP 数据核字(2011)第 110281 号

※

*国防工业出版社*出版发行

（北京市海淀区紫竹院南路23号　邮政编码100048）
天利华印刷装订有限公司印刷
新华书店经售

*

开本880×1230　1/32　印张8⅞　字数232千字
2011 年 8 月第 1 版第 1 次印刷　印数1—4000册　定价22.00元

（本书如有印装错误，我社负责调换）

国防书店：(010)68428422　　　发行邮购：(010)68414474
发行传真：(010)68411535　　　发行业务：(010)68472764

前　言

　　"计量是工业生产的眼睛。"我国拥有几百万家大中型制造企业及数千万家小型制造企业,它们无一例外都非常需要关于计量器具使用和保养方面的书籍,以适应企业进行规范化生产和质量管理的要求。市场导向,品质成就(企业)未来! 产品质量控制需要使用计量器具来测量监控。产品开发和生产经营各个环节都需要用计量器具来检测研发数据或检测生产过程数据和控制质量,"用数据指挥生产,监控工艺,检测成品,质量才能真正得到保证"。同时,大专院校与职业技术院校的师生也需要此方面的书籍,不仅仅是学习测量技能和实验室检测基础技术,我曾了解到有企业在招工时就带来计量器具以考查招录人员对于常用计量量具的使用熟练度情况,以考试测量技能来择优录用。还有国家的城市化建设需要数以亿计的劳务人员,而他们进入企业也需要掌握检测技能方面的知识,对于能够掌握企业生产所需技能的劳务人员,企业是非常欢迎的。

　　所以,计量器具的管理是产品研发和制造过程中最基本的技术质量管理,也是实验室检测技术的基础。计量工作的重要性和中国制造业发展的紧迫需求促使我编写了《常用80种计量器具使用保养方法》一书,为生产与质量检测提供力所能及的服务。

　　本书读者面广,适用性强

　　一是制造业方面的车间主任、工段长,一方面可以用本书专业知识对本部门计量器具进行正确使用和保养、管理和检查;另一方面可参考本书来组织培训员工,学习正确使用计量器具及维护保养知识。

二是技术人员既可参考本书计量专业知识以用于车间现场计量工艺检查,检查量具是否正确配置、定置摆放、正确使用和正确维护保养,还可用于编制工艺文件、质量检查方案中确定计量器具配置和检测手段等。

三是班组长、工人可用来进一步学习规范使用和保养计量器具的方法,达到正确使用量具、准确使用量具、维护保养好量具的目的。同时,能从中学习和掌握更多的测量技术技能,能尽早成为具有较高计量技能的人才或技师、高级技师。

四是大专院校、职业技术学院、中等职业技术学校的老师、学生教学学习或在实验室里使用计量器具时可作参考。

本书在编写过程中得到计量主管工程师赵全六、理化主管工程师全利、计量工程师彭登果、技师任立富、技师贺天华、技师左均同志和同济大学研究生郑琨鹏的帮助,在此一并表示感谢。

由于编者水平有限,书中难免存在不妥之处,敬请读者提出宝贵的意见(邮址:zhengxianong@126.com)。

郑下农

2011 年 2 月 18 日

目　录

第一部分　长度计量器具

第二部分　温度计量器具

第一部分　长度计量器具

一　量　块

（一）结构原理、规格、用途

1. 结构原理

量块是用耐磨材料（合金钢、玛瑙或大理石）制造，横截面为矩形，并具有一对相互平行测量面的实物标准量具（图1-1），又称为块规。量块的测量面可以和另一量块的测量面相研合即组合使用，也可以和具有类似表面质量的辅助检具表面相研合而用于长度测量。

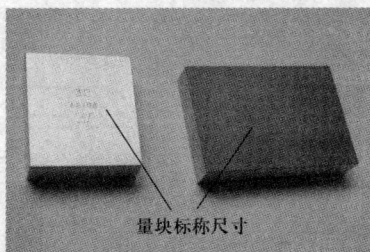

量块标称尺寸

图1-1　量块的外形图

2. 常用规格

厂家一般是编组整盒出售量块。量块的编组较多，工厂常使用量块编组有 8 块编组/盒（规格：125mm、150mm、175mm、200mm、250mm、300mm、400mm、500mm）、20 块编组/盒（规格：5.12mm、10.24mm、15.36mm、…、50mm、55.12mm、60.24mm、…、100mm）、83块编组/盒（规格：0.5mm、1mm、1.005mm、1.01mm、1.02mm、

1.03mm、…、1.5mm、1.6mm、1.7mm、…、1.9mm、2.0mm、2.5mm、3.0mm、…、9.5mm、10mm、20mm、30mm、40mm、50mm、60mm、70mm、80mm、90mm、100mm）。

3. 主要用途

量块作为长度实物标准,用于高精度尺寸校验。量块作为长度计量标准用来校准三坐标测量机、数控百分表检定仪等测量设备,以及游标卡尺、千分尺、量规等计量器具。通过量块的量值传递作用,可以使车间部门生产产品的尺寸测量数值得到准确的量值传递,使量值可以通过量传体系朔源至国际计量局的长度计量基准,保证零部件质量和世界范围内的互换性。

（二）使用方法

1. 检查外观

使用量块前,应首先检查量块外表无缺陷（图1-2）后,用120号汽油洗净防锈油,使用量块的两测量面进行测量。

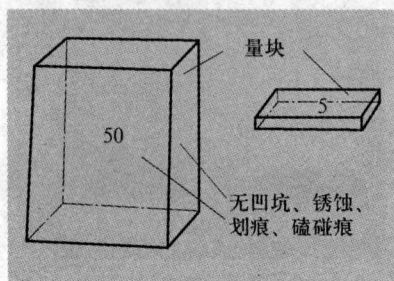

图1-2　量块应无外表缺陷

2. 使用方法

量块主要应用其上测量面的中心点至下测量面的中心点之间的距离（简称测量面,如图1-3所示）,即量块的中心长度尺寸。

1）使用规则

（1）按级使用:直接使用量块的标称长度尺寸,主要适用于精度要求不高和不需要误差修正的情况。在车间现场,将量块作为实物

2

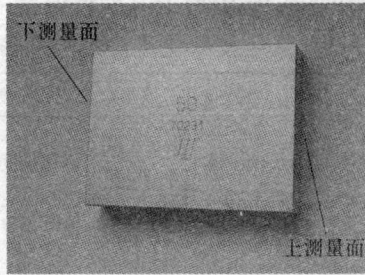

图 1-3 量块的上下测量面

标准使用时按级使用即可满足测量精度要求。

标称长度尺寸刻在量块的非工作面上(图 1-4)。

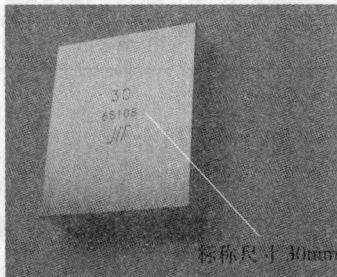

图 1-4 量块的标称长度尺寸

例如,尺寸为 30mm 的三级量块,直接使用标称长度尺寸 30mm,对量块的标称长度不做任何修正。

(2)按等使用:使用量块的实际尺寸,主要适用于精度要求高和需要误差修正的情况。例如,工厂计量室检定计量器具以及精密几何测量等。量块购进厂时,应由计量部门实施进厂检定,确定合格后方能使用。检定包括查验量块制造厂家的出厂检定合格证及规格偏差,通过计量部门的检定取得量块的中心长度尺寸偏差值,从而得到量块的实际尺寸。

量块的实际尺寸 = 中心长度尺寸 + 偏差值

可见,使用实际尺寸使测量结果更接近于真值,满足了较高的测量精度需求。

在生产现场,量块一般按级使用,其允许偏差见表 1 – 1。

表 1 – 1　量块按级使用时的长度偏差

分等 分级	对应 分等	各级量块长度极限偏差和长度变动量					
		标称长度 /mm	长度极限 偏差/μm	量块长度 变动量允 许值/μm	标称长度 /mm	长度极限 偏差/μm	量块长度 变动量允 许值/μm
K 级	一等	≤10	0.20	0.05	≤100	0.60	0.07
0 级	二等	≤10	0.12	0.10	≤100	0.30	0.12
1 级	三等	≤10	0.20	0.16	≤100	0.60	0.20
2 级	四等	≤10	0.45	0.30	≤100	1.20	0.35
3 级	五等	≤10	1.00	0.50	≤100	2.50	0.60

2）量块的研合性及研合方法

量块的一个重要特点是具有研合性,实际工作中常需要多量块研合使用。

研合性是指量块的一个测量面与另一量块测量面,或与另一经精加工的类似量块测量面的表面,通过分子力的作用而相互黏合的性能。例如,三、四等和 1、2 级量块测量面研合性技术标准要求为,量块与平面度为 0.1μm 的平晶相研合,在照明均匀的白光下观察研合面时,可以有任何形状的光斑,但应无色彩,色彩表明有微小缝隙。

组合原则及研合方法:

生产或产品质量检查中,经常遇到一块量块的尺寸不够,需要多量块组合使用的情况。组合原则是,"先零后整、满足所需尺寸前提下,所用量块越少越好"。即先选取所需总尺寸中的最小位数量块,最后选取组合整数量块,组合量块的总数尽可能不超过 4 块。例如,某次校验量具需要 11.52mm 尺寸的 2 级量块,若具有 83 块编组的 2 级量块,就可依次选出 0.5mm、1.02mm、10mm 量块,0.5 + 1.02 + 10 = 11.52（mm）,不仅能达到所需尺寸,而且量块的数量最少。组合选好量块后,就要进行研合,研合方法如下:

（1）研合的准备工作。在量块的两测量面，用干净的绸布薄薄地涂上一层（图 1-5）防锈油（凡士林与变压器油 1∶1 熬制），防锈油用 120 号汽油稀释后涂敷。

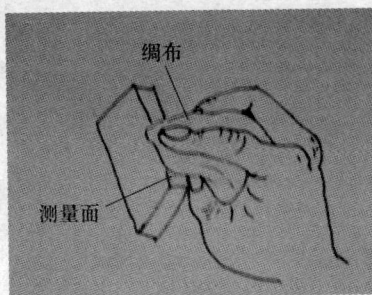

图 1-5　用干净绸布涂防锈油

（2）抹去多余的防锈油。用麂皮擦拭到量块测试层呈苍白色的均匀薄油膜层（图 1-6）。

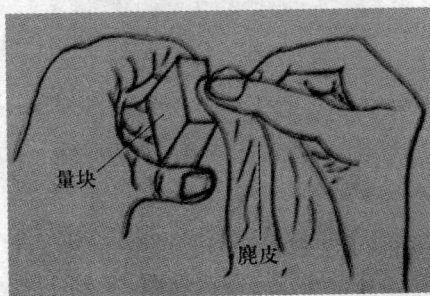

图 1-6　擦拭形成苍白色油膜

（3）开始研合。采用推压研合（图 1-7），达到黏度很高并有黏合张力的感觉即可。

（4）研合完成。需研合的量块经上述步骤后，用木镊子夹住量块，倾斜 80°~90°不掉落或者黏合面紧贴不滑（图 1-8），研合即可完成（图 1-9）。

（5）测评误差。多量块（一般不超过 4 块）研合使用，其不确定度应按算术平均值均方误差计算。

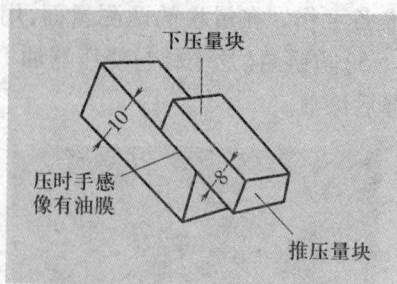

图 1-7 推压研合,达到有黏合张力

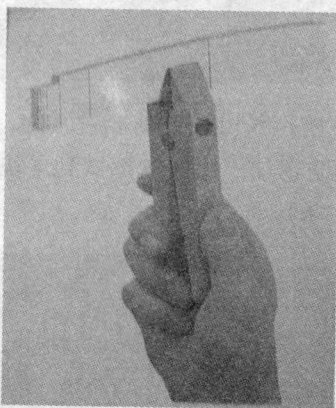

图 1-8 木锯子夹住量块

例如,3 块量块研合:第 1 块量块长度的中心长度极限偏差为 ±0.20μm;第 2 块量块长度的中心长度极限偏差为 ±0.20μm;第 3 块量块长度的中心长度极限偏差为 ±0.20μm。则这 3 块组合研合的不确定度值为

$$\delta = \pm \sqrt{(\pm 0.20)^2 + (\pm 0.20)^2 + (\pm 0.20)^2}$$
$$= \pm 0.346(\mu m)$$

判断:这个数值应小于被校验量具允许公差的 1/3~1/10,那么研合的量块可使用。

3)量块的使用

用于校验,如校验游标卡尺。方法是,直接使用量块的上、下测

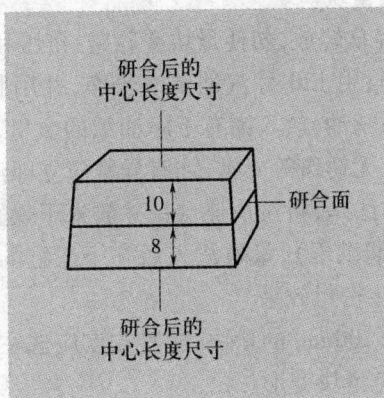

图 1-9 研合完成

量面。用量块校验游标卡尺(图 1-10)的示值误差的步骤如下:

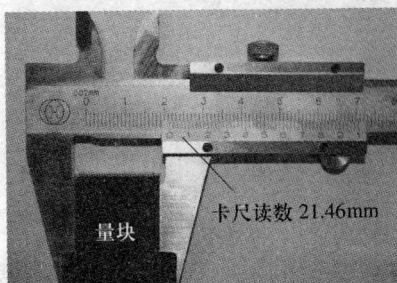

图 1-10 用量块校验游标卡尺

(1) 用绸布擦净量块上、下测量面和游标卡尺的测量面;

(2) 用游标卡尺测量量块的两测量面;

(3) 读出游标卡尺的测量数值;

(4) 计算出游标卡尺校准误差:

游标卡尺校准误差 = 游标卡尺测量读数 - 量块名义尺寸值

(三) 使用保养注意事项

(1) 取放量块时,应用金属镊子或木镊子(图 1-8)夹放量块或

7

戴干净布手套取放量块。

（2）使用时，轻拿轻放，勿使量块受磕碰、挤压和划伤。

（3）使用完毕，用120号汽油清洗干净，并用脱脂棉擦干，然后用软毛刷涂一层防锈油，放入铺有干净油纸的盒里，并定置保存。每月至少检查一次有无锈斑等异常，如有异常应立即清洁处理。

较好的保存方法是，将量块连盒一并放入干燥缸，干燥缸内放入干燥剂（干燥剂定期烘干），量块放入后在干燥缸的缸口沿轻轻抹上一层油，有利于强化密封效果。

（4）尺寸大于100mm的量块，放置支点应选在量块的支承标记处（图1-11），以免量块变形。

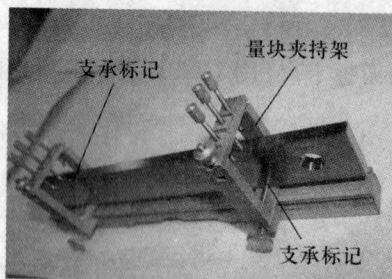

图1-11　量块夹持架及支承标记

（5）量块是精密基准量具，应严格按计量器具周期计划检定，检定合格后才能使用。

二　游标卡尺

（一）结构原理、规格、用途

1. 结构原理

游标卡尺是利用游标原理对两测量爪相对移动所分隔的距离进行读数的一种通用长度测量工具，如图1-12所示。

游标原理：将两根按一定要求刻上线的直尺对齐或重叠后，其中

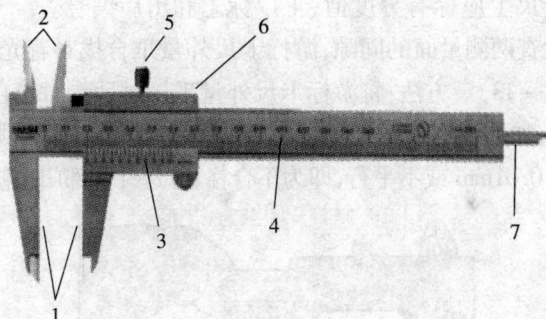

图 1 – 12　游标卡尺

1—外量爪；2—内量爪；3—游标尺；4—主尺；

5—紧固螺钉；6—尺框；7—测深尺。

一根固定不动,另一根沿着它做相对运动。固定不动的直尺称为主尺,沿主尺滑动的直尺称为游标尺(简称游标)。

2. 常用规格

游标卡尺规格:0 ~ 150mm、0 ~ 200mm、0 ~ 300mm、0 ~ 400mm、0 ~ 500mm、0 ~ 600mm、0 ~ 700mm、0 ~ 800mm、0 ~ 900mm、0 ~ 1000mm、0 ~ 1500mm、0 ~ 2000mm。选用时,采用被测对象参数在上述任一规格游标卡尺满量程20% ~ 80%范围内,所对应的那一种规格的游标卡尺。

游标卡尺分度值有 0.02mm、0.05mm 和 0.10mm 三种。使用时,根据工艺技术要求读出的最小值来对应选择。

3. 主要用途

游标卡尺适用于测量各种工件的外尺寸、内尺寸、盲孔、阶梯形孔、凹槽等相关尺寸及相关深度的尺寸。

(二) 使用方法

1. 检查外观

(1) 游标卡尺的表面应无锈蚀、碰伤或其他缺陷。刻线和数字应清晰、均匀,不应有脱色现象,游标刻线应刻至斜面下边缘。

游标卡尺上应标有分度值、工厂标志和出厂编号。

（2）检查两测量面的间隙，游标卡尺外量爪合拢对着光线，应看不见白光（图1-13）。方法：将游标卡尺外量爪接触后看对着自然光线或荧光灯观察，如果两测量面之间呈白光或呈八字的白光，说明两测量面的间隔大于0.01mm或不平行，即为不合格，应送计量部门检修。

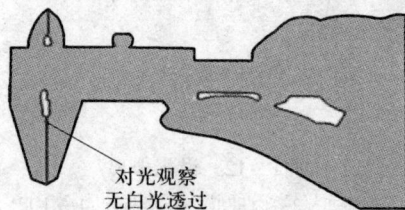

对光观察
无白光透过

图1-13　游标卡尺外量爪合拢对光检查

游标卡尺两测量面合拢间隙如表1-2所列。

表1-2　游标卡尺两测量面合拢间隙

游标卡尺分度值	对光目视检查间隙	两测量面合拢间隙
0.02mm	呈白光	>0.01mm
0.05mm	呈白光	>0.01mm
0.10mm	呈白光	>0.01mm

2. 检查各部件的相互作用

轻拉或推移游标卡尺的尺框，尺框在尺身上移动应平稳，不应有阻滞现象；尺身和尺框的配合应无明显晃动。紧固螺钉应可靠紧固，无松旷。微动装置的空程，应不超过1/2转。

3. 检查"零"位

操作方法：擦净游标卡尺两量爪的测量面，将卡尺的两外测量爪接触，此时卡尺游标的"零"刻线应与主尺"零"刻线对齐；游标尾刻线与主尺相应刻线应对齐。若不对齐，应送计量部门调修。游标卡尺"零"位允许误差如表1-3所列。

表 1 - 3   游标卡尺"零"位允许误差

游标卡尺分度值	"零"刻线允许误差	尾刻线允许误差
0.02mm	±0.005mm	±0.01mm
0.05mm	±0.005mm	±0.02mm
0.10mm	±0.010mm	±0.03mm

4. 测量外尺寸

移动游标卡尺尺框使两外量爪之间的距离约大于被测零件尺寸,轻轻移动、合拢两个外测量爪,与被测零件表面轻轻接触,测量面与被测量面接触贴合后,在主尺和游标上读出测量读数,该读数就是测量的外尺寸,如图 1 - 14 所示。

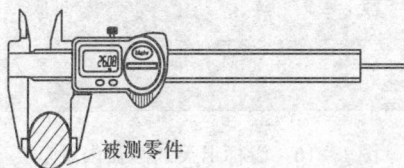

图 1 - 14   游标卡尺测量零件外尺寸

5. 测量内尺寸

测量内尺寸主要是利用游标卡尺的内量爪伸入零件的孔或槽,在孔的直径方向上轻轻往外拉尺框,量爪与零件内表面接触后,在主尺和游标上读出测量读数,该读数就是所测零件的内尺寸,如图 1 - 15 所示。

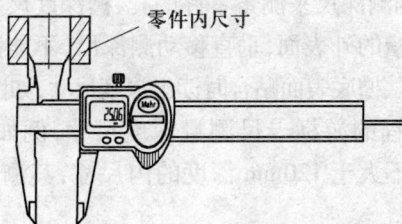

图 1 - 15   游标卡尺测量零件内尺寸

当使用带有圆弧内量爪(图 1 - 16)的游标卡尺,测量零部件的孔径、沟槽尺寸时,应特别注意:游标卡尺所测得的内尺寸数值 L_1 是圆弧内量爪的基本尺寸加上游标卡尺的读数值的总和数值,而不能直接将游标卡尺的读数值作为被测对象的内尺寸使用。被测对象的内尺寸应是 L_1 值加上圆弧内量爪的基本尺寸 b $(b = b/2 + b/2)$,即

被测内尺寸 $L_1 = L + b$

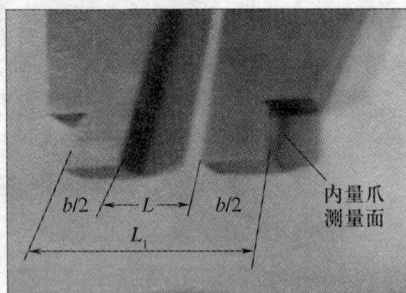

图 1 - 16   游标卡尺的圆弧内量爪

圆弧内量爪 b 的尺寸一般为 10mm(规格为 0 ~ 500mm 带圆弧内量爪的游标卡尺)或 15mm(规格为 0 ~ 600mm 带圆弧内量爪的游标卡尺)或 20mm(规格为 0 ~ 1000mm 带圆弧内量爪的游标卡尺)。

若游标卡尺在计量周期检定时发现内量爪磨损,计量部门应将检定的圆弧内量爪实际尺寸提供给车间,在检定记录和计量标记上注明内量爪的实际尺寸,使用时按实际尺寸修正,以保证测量准确。

6. 测量深度尺寸

用游标卡尺的测深尺来测量零件的孔、槽深度尺寸,测量时游标卡尺垂直于零件孔、槽的外表面,垂直移动测深尺(不能倾斜,否则会产生较大误差),当与孔、槽底表面贴合时读出深度尺寸,如图 1 - 17 所示。

选用合适量程的游标卡尺测量深度尺寸,例如,量程为 125mm 的游标卡尺能测不大于 120mm 深度的内尺寸,其测深尺的伸出长度为 120mm。

7. 游标卡尺的读数

以分度值 0.02mm 游标卡尺为例:

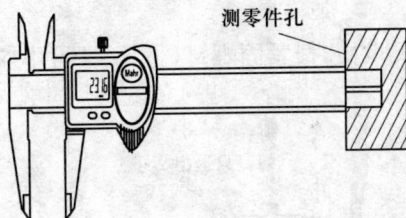

图1-17　测量零件的深度尺寸

(1)读整数。主尺上的一格就是1mm,游标尺上的"零"刻线(图1-18)是读整数的基准,读数时看游标尺的"零"刻线所对齐的主尺左边最近的那根刻度线表示的数值,即为被测的整数值。如图1-18所示,主尺的整数值为21mm。

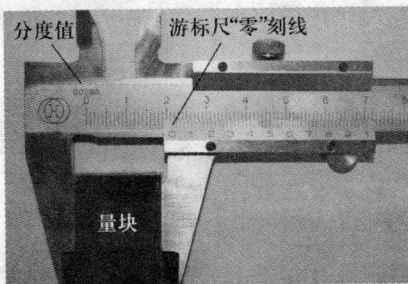

图1-18　游标卡尺读数示例(测得21.46mm)

(2)读小数。游标尺上的一格就是0.02mm,看游标尺的"零"刻线的右边哪根线与主尺上的刻线对齐,将游标尺的"零"刻线与该对齐刻线的数量格乘以游标分度值所得的积,就是主尺的小数值。如图1-18所示,即23格×0.02mm=0.46mm。

(3)求和。将上述两步所测得的数值相加,就是所求的测量值:
21+0.46=21.46(mm)

(三)使用保养注意事项

(1)使用后清洁量具,将游标卡尺的测量面(图1-19)和尺身

13

用干净软布擦去手指印、杂质和油污,测量面轻涂一层润滑油,固定放置于量具盒内。

（2）游标卡尺点检时,紧固螺钉（图 1－19）不应松脱,最多退出 2 牙为宜。

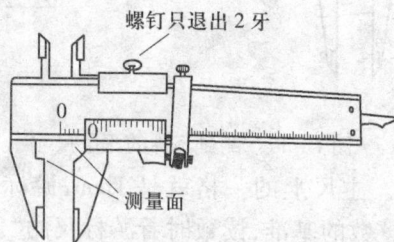

图 1－19　卡尺点检部位

（3）游标卡尺不允许摆放在振动的机床上;送检时,手推车上应垫以泡沫塑料或软布减震。

（4）游标卡尺不允许摆放在环境存在强磁力的位置以及酸性氛围和潮湿的地方。

（5）游标卡尺应定置摆放,不允许与工具（榔头、钳子等）、刀具、零件等杂物混放;不允许与其他量具触碰、叠放。

（6）游标卡尺应按计量器具周期检定计划送检,检定合格后才能使用。

三　高度游标卡尺

（一）结构原理、规格、用途

1. 结构原理

高度游标卡尺简称高度尺,也称高度卡尺（图 1－20）,是利用游标原理,对测量爪的测量面与底座底面相对移动分隔的距离,进行读数的通用长度测量工具。它主要由尺身、尺框、测量

14

爪、底座等组成。

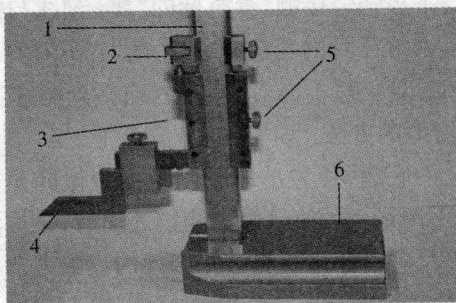

图 1 - 20　高度游标卡尺外观结构

1—尺身;2—微动装置;3—尺框;4—测量爪;5—紧固螺钉;6—底座。

2. 常用规格

高度游标卡尺规格:0 ~ 300mm;0 ~ 500mm;0 ~ 1000mm;0 ~ 1500mm。

最小分度值有 0.02mm、0.05mm。

3. 主要用途

高度游标卡尺用于测量高度尺寸,并适用于比较测量形状与位置误差及精密的划线工作。

(二) 使用方法

1. 检查外观

高度尺的表面上,不应有锈蚀、碰伤或其他缺陷。刻线和数字应清晰、均匀,不应有脱色现象,游标刻线应刻至斜面下边缘。

高度尺上应标有分度值、工厂标志和出厂编号。

2. 检查各部分的相互作用

尺框沿尺身移动应平稳,无卡滞、晃动,尺框不应有因自重而自动下滑现象。紧固螺钉的作用应可靠。微动装置的空程,应不超过 1/2 转。底座放置于平板上,应稳固。

3. 校"零"位

擦净 1 级平板与高度尺的底座工作面,将高度尺底座放在平板上,装上测量爪,一只手压着底座,另一只手把尺框慢慢往下推,使量爪的下测量面与平板轻轻接触,看游标的"零"刻线与尺身的"零"刻线以及尾刻线是否与尺身的相应刻线对齐,若不对齐则应调整游标尺框,使其不松旷,若仍然不能对"零"时,应检查调修。

4. 测量高度值的方法

移动高度尺的底座,使量爪的下测量面慢慢降至被测对象的表面,手感量爪的下测量面紧密接触被测物表面后,读出测量数据。

高度游标卡尺的读数方法与游标卡尺的读数方法相同。

5. 比较法测量位置与形状误差

将高度游标卡尺的原量爪拆下,将杠杆百分表装夹在高度尺上(图 1-21),利用比较法测量高度尺寸。首先,根据被测对象的高度尺寸选择相应尺寸的量块,用量块对好杠杆百分表的"零"位(即基本尺寸),然后移动高度尺使杠杆百分表的测头与被测面接触,读出百分表相对于量块尺寸的变化尺寸。

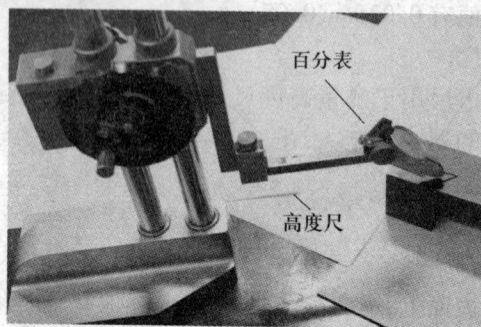

图 1-21　高度尺装上杠杆百分表测量

被测值 = 量块尺寸 + 百分表变化尺寸数据

此时,高度游标卡尺仅起表架作用。

再如,测量被测对象的平面度,将高度游标卡尺的原量爪拆下,再将杠杆百分表或千分表装在高度尺上,调"零"后,缓缓移动高度游标卡尺的底座使百分表或千分表的测头与被测表面的各处测点接触,表的最大读数与最小读数差即为被测表面的平面度。

（三）使用保养注意事项

（1）测量时不应使用过大的测量力，否则将影响测量精度。

（2）高度游标卡尺使用完毕，应将尺框移至高度尺的最低位置，以保护尺框弹簧不过早疲劳失效。

（3）使用完毕，应用干净软布或棉纱擦净高度游标卡尺的尺身、量爪和基座，检查紧固螺钉最多退出 2 牙或轻轻旋紧，再将高度游标卡尺装入量具盒内摆放。

（4）没有量具盒的高度尺摆放时不允许倒放，也不能斜靠在其他货物上，应正置摆放，以免高度尺尺身变形。

（5）高度游标卡尺不允许摆放在振动的机床上；送检时，手推车上应垫以泡沫塑料或软布减震。

（6）高度游标卡尺不允许摆放在环境存在强磁力的位置以及酸性氛围和潮湿的地方。

（7）高度游标卡尺应定置摆放，不允许与工具（榔头、钳子等）、刀具、零件等杂物混放；不允许与其他量具触碰、叠放。

（8）如要进行比较测量，则取下测量爪，装上夹杆和指示表（百分表或千分表）即可。

（9）高度游标卡尺应按计量器具周期检定计划送检，检定合格后才能使用。

四　深度游标卡尺

（一）结构原理、规格、用途

1. 结构原理

深度游标卡尺简称深度尺，它是利用游标原理对尺身测量面与尺框测量面相对移动分隔的距离，进行读数的深度测量工具。

深度尺由尺身、尺框、游标和尺座等组成，如图 1 - 22 所示。

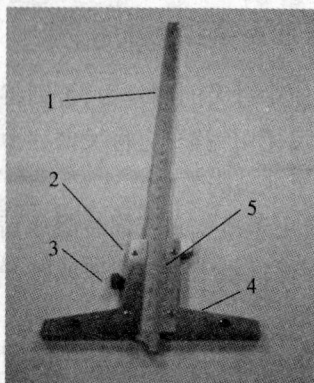

图 1 - 22　深度游标卡尺
1—尺身;2—尺框;3—紧固螺钉;
4—尺座;5—游标。

2. 常用规格

深度游标卡尺规格:0 ~ 125mm、0 ~ 150mm、0 ~ 300mm、0 ~500mm。

尺身与尺框的测量面的粗糙度,当游标分度值为 0.02mm 时, $R_a \leqslant 0.16\mu m$;当游标分度值为 0.05mm 或 0.10mm 时, $R_a \leqslant 0.32\mu m$。

3. 主要用途

深度尺主要用于测量工件的盲孔、阶梯形孔及凹槽等深度尺寸。

(二) 使用方法

1. 检查外观

深度游标卡尺的表面上,不应有锈蚀、碰伤或其他缺陷。刻线和数字应清晰、均匀,不应有脱色现象,游标刻线应刻至斜面下边缘。

深度游标卡尺上应标有分度值、工厂标志和出厂编号。

2. 检查各部分的相互作用

尺框沿尺身移动应平稳、无晃动,不应有阻滞或松动现象。紧固螺钉的作用应可靠。带微动装置的深度尺,微动装置的空程应不超过 1/2 转。

3. 校"零"位

在 1 级平板上,擦净平板和深度尺的测量面,再将深度尺放在平板上,左手压住尺座,右手向下推尺身使它和平板接触,再看游标的"零"刻线与尺身的"零"刻线是否重合,若重合,则"零"位正确。不重合,分度值为 0.02mm、0.05mm 的深度尺零位偏差大于 ±0.005mm,分度值为 0.10mm 的深度尺零位偏差大于 ±0.010mm,则应检查调修至合格。

4. 测量方法

深度游标卡尺测深时,将尺座底面贴放在被测件的定位面上(图1-23),左手压住尺座,右手缓慢往下推尺身,尺身应保持垂直(不能歪斜,否则将导致测量不准),当尺身的测量端面与被测件的被测底部接触时,即可读出被测数值。

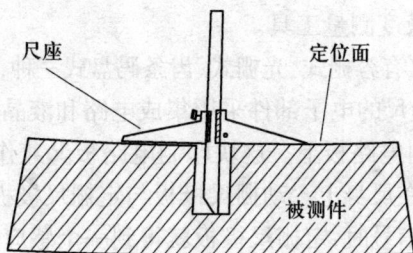

图 1-23　深度游标卡尺测量示例

(三) 使用保养注意事项

(1) 使用后清洁量具,将深度游标卡尺的测量面和尺身用干净软布擦去手指印、杂质和油污,测量面轻涂一层润滑油,固定放置于量具盒内。

(2) 深度游标卡尺点检时,紧固螺钉不应松脱,最多退出 2 牙为宜。

(3) 深度游标卡尺不允许摆放在振动的机床上;送检时,手推车上应垫以泡沫塑料或软布减震。

（4）深度游标卡尺不允许摆放在环境存在强磁力的位置以及酸性氛围和潮湿的地方。

（5）深度游标卡尺应定置摆放,不允许与工具(榔头、钳子等)、刀具、零件等杂物混放;不允许与其他量具触碰、叠放。

（6）深度游标卡尺应按计量器具周期检定计划送检,检定合格后才能使用。

五　电子数显游标卡尺

（一）结构原理、规格、用途

1. 结构原理

电子数显游标卡尺是用容栅(或光栅等)测量系统和数字显示器进行读数的通用长度测量工具。

电子数显卡尺有容栅式、光栅式、齿条码盘式三种,常用为容栅式。容栅式电子游标卡尺的电子部件采用集成电路和液晶显示,它们共同装在一块双面印制电路板上。这块印制电路板又兼作传感器的动栅尺,而定栅尺安装在尺身上。动栅尺极板与定栅尺极板之间保持一定的间隙,当加上电信号时,定栅尺极板就得到一个感应信号,该信号又被动栅尺感应接收。当移动尺框(定栅尺移动)时,动栅尺就接收到一个与尺框位移成正比的相位变化信号,电路对该信号进行处理,最后驱动液晶显示出数字,就可以读取位移变化的具体数值。

电子数显游标卡尺由机械量爪、刻度尺身、电子显示器等部分组成,如图 1 -24 所示。

2. 常用规格

电子数显游标卡尺规格:0 ~150mm;0 ~300mm;0 ~500mm。分度值为 0.01mm。

3. 主要用途

电子数显游标卡尺适用于测量各种工件的外尺寸、内尺寸、盲

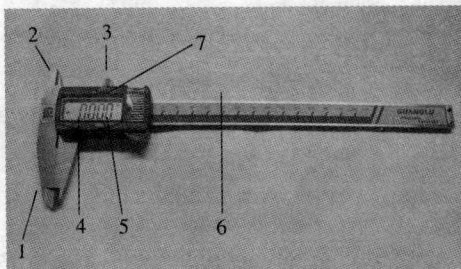

图 1 – 24　电子游标卡尺

1—外量爪;2—内量爪;3—开启钮;4—关闭钮;5—置零钮;6—刻度尺身;7—电子显示器。

孔、阶梯形孔、凹槽等相关尺寸及相关深度的尺寸。

（二）使用方法

1. 检查外观

电子数显游标卡尺的表面上不应有锈蚀、碰伤或其他缺陷。电子显示器表面不得倾斜,应清洁、透明、无破损和划痕。

电子数显游标卡尺上应标有制造厂名(或厂标)、出厂编号和各功能按钮的标志。

2. 检查各部分的相互作用

按开关按钮,电子部件应能接通电源处于工作状态。检查显示器,在测量范围内数字显示应清晰、完整,无黑斑和闪跳现象。各按钮功能可靠,工作稳定。

3. 校"零"位

推动尺框,使两量爪测量面合拢接触,此时显示器显示"00.00",说明"零"位正确,如图 1 – 25 所示。

4. 测量方法

移动两外量爪之间的距离约大于被测零件,轻轻移动、合拢两个外测量爪,与被测零件表面轻轻接触,量爪测量面与被测量面接触贴合后,即可读数。如果要把测量结果记录下来,则从数据输出端口(图1 – 25)引出数字打印装置即可。

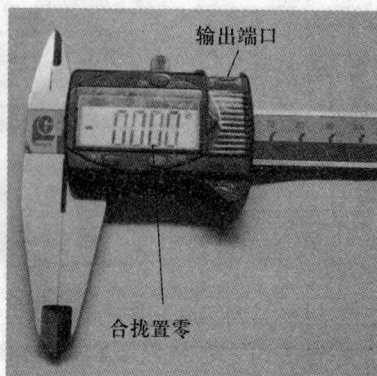

图 1 - 25　量爪合拢,显示器窗口显示 00.00

（三）使用保养注意事项

（1）环境温度和湿度要符合要求（温度 0 ~ 40℃ 为宜,湿度为 10% ~ 80%）,严禁强光长时间照射电子显示器,防止液晶老化。

（2）不要在强磁场的环境中使用和存放。

（3）不允许水、油等液体侵入电子部件内,注意防潮。

（4）电子数显游标卡尺显示的数字不断闪动或数字不稳定,说明电源不足,应及时更换电池（电池盒位置如图 1 - 26 所示）。

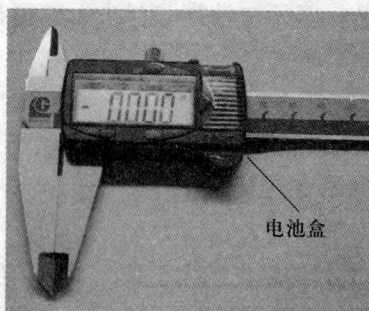

图 1 - 26　电子游标卡尺的电池盒

（5）不要用电刻机在电子数显游标卡尺上刻字,以防电子线路击穿。

(6) 使用后清洁量具,将电子游标卡尺的测量面和尺身用干净软布擦去手指印、杂质和油污,测量面轻涂一层润滑油,固定放置于量具盒内。

(7) 电子数显游标卡尺不允许摆放在振动的机床上;送检时,手推车上应垫以泡沫塑料或软布减震。

(8) 电子游标卡尺应定置摆放,不允许与工具(榔头、钳子等)、刀具、零件等杂物混放;不允许与其他量具触碰、叠放。

(9) 电子游标卡尺应按计量器具周期检定计划送检,检定合格后才能使用。

六　外径千分尺

(一) 结构原理、规格、用途

1. 结构原理

外径千分尺简称千分尺,是运用螺旋副传动原理,将回旋运动变为直线运动的一种精密测量量具。

外径千分尺的结构如图 1 - 27 所示,主要由测砧、测微螺杆、固定套筒、微分筒、测力装置和隔热护板等组成。

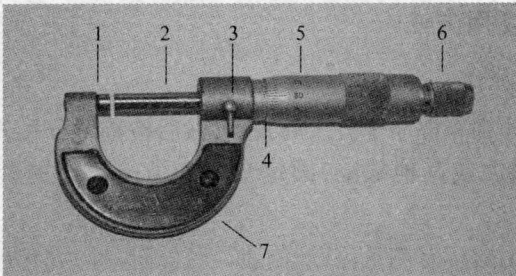

图 1 - 27　外径千分尺的结构

1—测砧;2—测微螺杆;3—锁紧装置;4—固定套筒;

5—微分筒;6—测力装置;7—隔热护板。

2. 常用规格

千分尺规格:0 ~ 25mm;25mm ~ 50mm;50mm ~ 75mm;75mm ~ 100mm;100mm ~ 125mm;125mm ~ 150mm;150mm ~ 175mm;175mm ~ 200mm;200mm ~ 225mm;225mm ~ 250mm;250mm ~ 275mm;275mm ~ 300mm;300mm ~ 325mm;325mm ~ 350mm;350mm ~ 375mm;375mm ~ 400mm;400mm ~ 425mm;425mm ~ 450mm;450mm ~ 475mm;475mm ~ 500mm;500mm ~ 600mm;600mm ~ 700mm;700mm ~ 800mm;800mm ~ 900mm;900mm ~ 1000mm。

测量范围大于或等于 500mm 的千分尺称为大型千分尺。

测量上限大于 25mm 的千分尺,量具盒内配有校对量杆(图 1 - 28),用于校"零"使用。

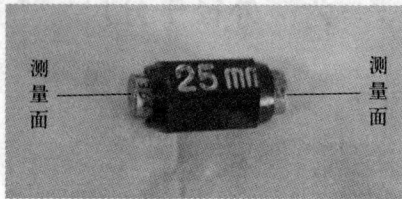

图 1 - 28　校对量杆及其测量面

3. 主要用途

外径千分尺主要用于测量轴及轴类零部件的各种外尺寸。

(二) 使用方法

1. 检查外观

先用干净棉布擦净千分尺的表面,然后检查千分尺各部位,不允许有碰伤、锈蚀或其他缺陷,固定套筒和微分筒上的刻线应清晰、均匀。

千分尺上应标有测量范围、制造厂名(或厂标)及出厂编号。

千分尺应附有调整零位的工具和校对用的量杆。

2. 检查各部分的相互作用

旋转棘轮(测力装置),应带动微分筒灵活地旋转;测微螺杆移动应平稳,无卡滞现象;在全量程范围内微分筒与固定套筒之间应无摩擦;当用手将微分筒握住不动,或用锁紧装置把测微螺杆紧固后,棘轮应能发出"咔咔"声。

测微螺杆的轴向窜动和径向摆动均不得大于 0.01mm。

3. 校"零"位

(1) 校零前,首先检查测量面应达到要求,千分尺测微螺杆和测砧的测量面以及校对量杆的测量面的表面粗糙度 $R_a \leqslant 0.04\mu m$。

(2) 若量程为 0 ~ 25mm 千分尺校"零"位,轻轻旋动微分筒,平稳移动测量螺杆,手感接触到固定测头时旋动棘轮 2 次 ~ 3 次,当棘轮发出"咔咔"声时可以开始观察读数。

(3) 固定套筒的"零"刻线与微分筒的"零"刻线对齐即合格(图1 – 29);否则,异常(图 1 – 30)。

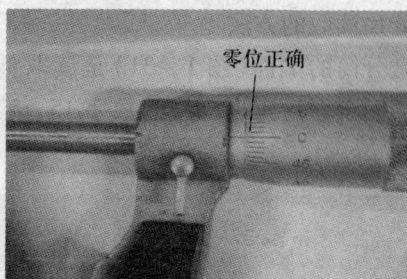

图 1 – 29　千分尺固定套筒与微分筒
"零"刻线在同一条直线上

量程大于 0 ~ 25mm 千分尺校"零"位,即测量配用的校对量杆,若刚好测量值等于校对量杆值,即"零"位正确。校"零"标准:校验"零"位的偏差数值小于 2μm;否则,应送调修。

4. 测量方法

(1) 测量前,用干净棉布(必要时蘸汽油)擦净工件测量部位,锈蚀、灰尘、碎屑、油污均会引起几微米的测量误差;被测面应无毛刺等影响测量准确的缺陷。

(2) 测量时,左手握住千分尺的隔热板,右手拇指和无名指握住

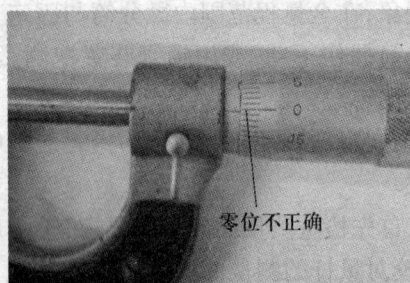

图 1 – 30　图为千分尺"零"刻线
不在一条直线上

微分筒,使之缓慢顺时针旋转至测量螺杆头轻轻接触工件被测面;当右手拇指和无名指握住测力装置旋转至发出"咔咔"声,说明接触力刚好,即可读数。

（3）读出千分尺读数的方法:

①读整数。微分筒的端面（图 1 – 31）是读取整数的基准,读出微分筒端面的左边固定套筒露出刻线的数字 15,该数字就是主尺的读数,即整数 15mm。

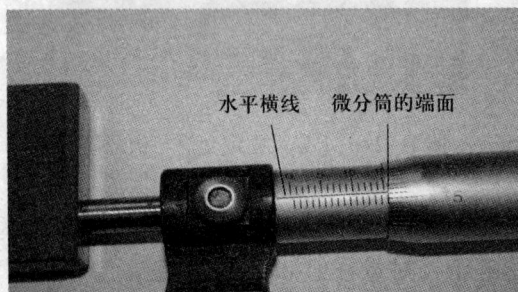

图 1 – 31　千分尺的读数示例（千分尺的读数为 15. 365mm）

②读小数。固定套筒的水平横线（图 1 – 31）是读取小数的基准,看微分筒上哪一条刻线与固定套筒的水平横线基准重合,微分筒上每一格为 0. 01mm。如量具固定套筒上的 0. 5mm 刻线没有露出,则微分筒上与基线重合的那条刻线的数字就是测量所得的小数;如

果 0.5mm 刻线已经露出,则微分筒上读数加上 0.5mm 才是测量所得的小数。这一点要特别注意,不然可能多读或少读。

当微分筒上没有一条线与基线恰好重合时,应估读到小数点后第 3 位数,如图 1 - 31 所示:

$$0.36 + 0.005 = 0.365(\text{mm})$$

③求和,将上述两次读数相加,即为所求的测量结果:

$$15 + 0.365 = 15.365(\text{mm})$$

(三)使用保养注意事项

(1)使用完毕,用干净棉布擦净千分尺的各部位,用小毛刷在测量面薄涂一层润滑油,然后放入量具盒保存。

(2)相对湿度 90% 以上或两天以上不用,在测量面上和测微螺杆上涂防锈油,两测量面之间的距离为 1mm 左右。

(3)千分尺后盖松动时,拧紧后须校对"零"位再用;不允许在千分尺的固定套筒和微分筒之间注入机油和煤油。

(4)千分尺不允许摆放在振动的机床上;送检时,手推车上应垫以泡沫塑料或软布减震。

(5)千分尺不允许摆放在环境存在强磁力的位置以及酸性氛围和潮湿的地方。

(6)千分尺应定置摆放,不允许与工具(榔头、钳子等)、刀具、零件等杂物混放;不允许与其他量具触碰、叠放。

(7)千分尺应按计量器具周期检定计划送检,检定合格后才能使用。

七　内测千分尺

(一)结构原理、规格、用途

1. 结构原理

内测千分尺是利用螺旋副原理,对固定测量爪与活动测量爪之间的分隔距离,进行读数的内尺寸测量工具。

内测千分尺由测量爪、固定套筒、微分筒、测微螺杆和测力装置等组成,如图 1-32 所示。当旋转微分筒棘轮时,导向管带着活动量爪做直线移动,改变两个量爪测量面之间的距离,从而达到测量目的。

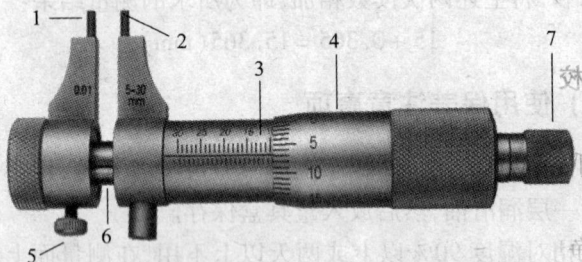

图 1-32 内测千分尺外观结构

1—固定测量爪;2—活动测量爪;3—固定套筒;
4—微分筒;5—锁紧螺钉;6—测微螺杆;7—测力装置。

2. 常用规格

国产内测千分尺常见规格:5mm ~ 30mm;25mm ~ 50mm 两种。

分度值 0.01mm,示值误差不大于 0.008mm。

3. 主要用途

内测千分尺主要用于测量孔及零部件的各种内尺寸。

(二) 使用方法

1. 检查外观

先用干净棉布擦净内测千分尺的表面,然后检查千分尺各部位,不允许有碰伤、锈蚀或其他缺陷,固定套筒和微分筒上的刻线应清晰、均匀。

内测千分尺上应标有测量范围、制造厂名(或厂标)及出厂编号。

内测千分尺应附有调整零位的工具和校对用的环规。

2. 检查各部分的相互作用

旋转棘轮（测力装置），应带动微分筒灵活地旋转；旋转微分筒移动活动量爪时应无阻滞，活动量爪应无能用手感觉到的沿圆周方向的转动；在全量程范围内微分筒与固定套筒之间应无摩擦；当用手将微分筒握住不动，或用锁紧装置把测微螺杆紧固后，旋转棘轮应能发出"咔咔"声。

测微螺杆的轴向窜动和径向摆动均不大于 0.01mm。

3. 校"零"位

（1）校零前，首先检查内测千分尺测微螺杆和固定测量爪与活动测量爪的测量面以及校对环规的测量面表面粗糙度 $R_a \leqslant 0.04\mu m$。

（2）校"零"位时，将校对环规（图1-33）当作工件进行测量，测量前擦净环规和内测千分尺的测量爪，测量的结果与环规的标称尺寸相符，说明"零"位示值正确。

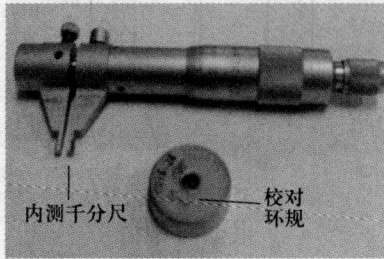

图1-33　内测千分尺校零

4. 测量内尺寸

先将两个测量爪之间的距离调整到比被测孔径公称值略小，然后将两个测量爪伸进孔内，左手的拇指和食指捏住测量爪的根部，小指和无名指托住活动测量爪的根部，右手旋转微分筒，当量爪测量面快要与孔壁接触时，旋转棘轮，棘轮发出"咔咔"声，即可读数，读数方法与外径千分尺相同。

内测千分尺与游标卡尺一样，由于它的构造不符合阿贝原理，所以测量时尽量使量爪的整个母线工作，这样测量才准确，如图1-34

29

所示。图 1 - 35 和图 1 - 36 所示的量爪斜、母线点接触和量爪点接触都会使测量不准确。

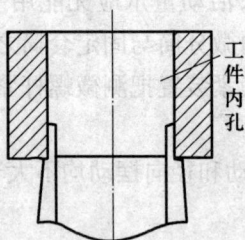

图 1 - 34　量爪整个母线
工作,准确

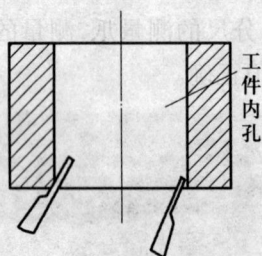

图 1 - 35　量爪斜、母线点
接触,不准确

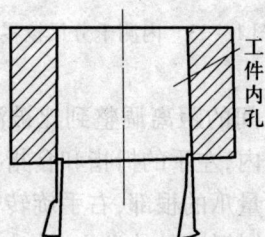

图 1 - 36　量爪点接触,
不准确

（三）使用保养注意事项

（1）使用完毕,用干净棉布擦净内测千分尺的各部位,用小毛刷在测量爪表面薄涂一层润滑油,然后放入量具盒保存。

（2）相对湿度90%以上或两天以上不用,不仅在测量爪表面,还要在测微螺杆上涂防锈油,两测量面之间的距离为1mm左右。

（3）读数时注意,内测千分尺与外径千分尺的读数方法相同,但由于其固定套筒和微分筒的刻线方向相反,所以,读数方向也相反。

（4）不得将内测千分尺当作卡板使用,这会使测量不准确和加速磨损。

（5）内测千分尺后盖松动时,拧紧后须校对"零"位再用;不允许在内测千分尺的固定套筒和微分筒之间(图1-37)注入机油和煤油。

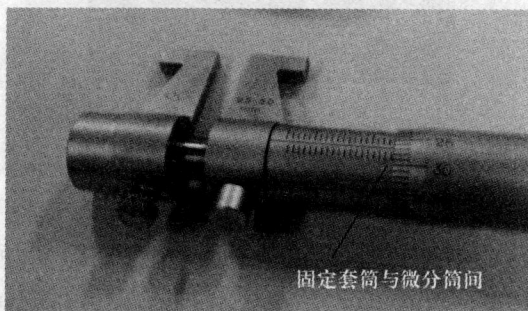

固定套筒与微分筒间

图1-37　内测千分尺

（6）内测千分尺不允许摆放在振动的机床上;送检时,手推车上应垫以泡沫塑料或软布减震。

（7）内测千分尺不允许摆放在环境存在强磁力的位置以及酸性氛围和潮湿的地方。

（8）内测千分尺应定置摆放,不允许与工具(榔头、钳子等)、刀具、零件等杂物混放;不允许与其他量具触碰、叠放。

（9）内测千分尺应按计量器具周期检定计划送检,检定合格后才能使用。

八　板厚千分尺

（一）结构原理、规格、用途

1. 结构原理

板厚千分尺是利用螺旋副原理,对弧形尺架上的球形测量面或平面测量面之间分隔的距离,进行读数的长度测量量具。它由测砧、测微螺杆、固定套筒、微分筒、测力装置和尺架组成,如图 1 – 38 所示。

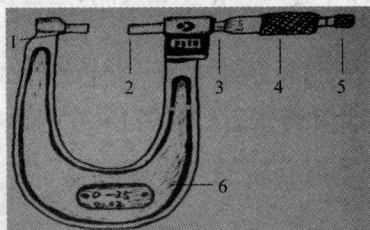

图 1 – 38　板厚千分尺

1—测砧;2—测微螺杆;3—固定套筒;4—微分筒;5—测力装置;6—尺架。

2. 常用种类与规格

板厚千分尺有表盘式和微分筒式两种,如图 1 – 39 所示。表盘式尺架凹入深度为 40mm,微分筒式尺架凹入深度为 200mm。

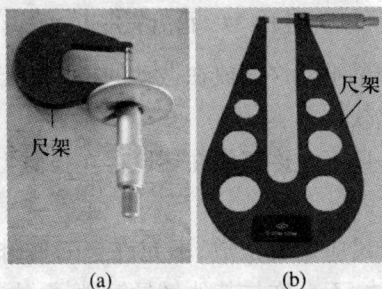

尺架

尺架

(a)　　　　　　(b)

图 1 – 39　表盘式和微分筒式板厚千分尺

(a) 表盘式;(b) 微分筒式。

板厚千分尺常用规格:0~10mm、0~15mm、0~25mm。

3. 主要用途

板厚千分尺用于测量钢板等板材的厚度。

(二) 使用方法

1. 检查外观

先用干净棉布擦净板厚千分尺的表面,然后检查千分尺各部位,不允许有碰伤、锈蚀、带磁或其他缺陷,固定套筒和微分筒上的刻线应清晰、均匀。

板厚千分尺上应标有测量范围、制造厂名(或厂标)及出厂编号。

2. 检查各部分的相互作用

旋转棘轮(测力装置),应带动微分筒灵活地旋转;旋转微分筒移动测微螺杆时应无阻滞;在全量程范围内微分筒与固定套筒之间应无摩擦;当用手将微分筒握住不动,或用锁紧装置把测微螺杆紧固后,旋转棘轮应能发出"咔咔"声。

测微螺杆的轴向窜动和径向摆动均应不大于0.01mm。

3. 校"零"位

(1) 校零前,首先检查板厚千分尺测微螺杆和测砧的测量面表面粗糙度 $R_a \leqslant 0.04\mu m$。

(2) 板厚千分尺校"零"位时,轻轻旋动微分筒,平稳移动测量螺杆,接触到测砧时旋动棘轮2次~3次,当棘轮发出"咔咔"声时可以开始观察读数。

(3) 固定套筒的"零"刻线与微分筒的"零"刻线对齐即合格(图1-40);否则,异常(图1-41)。

校"零"标准:校验"零"位的偏差数值小于 $2\mu m$;否则,应送调修。

4. 测量方法

(1) 测量前,用干净棉布(必要时蘸汽油)擦净工件测量部位,锈蚀、灰尘、碎屑、油污均会引起几微米的测量误差,被测面应无毛刺等影响测量准确的缺陷。

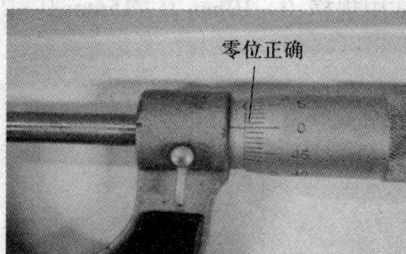

图 1－40　板厚千分尺固定套筒与微
分筒"零"刻线在同一条直线上

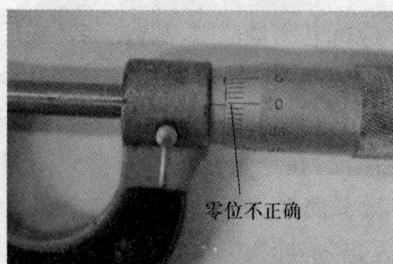

图 1－41　板厚千分尺"零"刻
线不在一条直线上

（2）测量时,左手握住千分尺的隔热板,右手拇指和无名指握住微分筒,使之缓慢顺时针旋转至测量螺杆头轻轻接触工件被测面;当右手拇指和无名指握住测力装置旋转至发出"咔咔"声,说明接触力刚好,即可读数。

（3）读出千分尺读数的方法：

① 读整数。微分筒的端面（图 1－42）是读取整数的基准,读出微分筒端面的左边固定套筒露出刻线的数字 15,该数字就是主尺的读数,即整数 15mm。

② 读小数。固定套筒的水平横线（图 1－42）是读取小数的基准,看微分筒上哪一条刻线与固定套筒的水平横线基准重合,微分筒上每一格为 0.01mm。如量具固定套筒上的 0.5mm 刻线没有露出,则微分筒上与基线重合的那条刻线的数字就是测量所得的小数;如

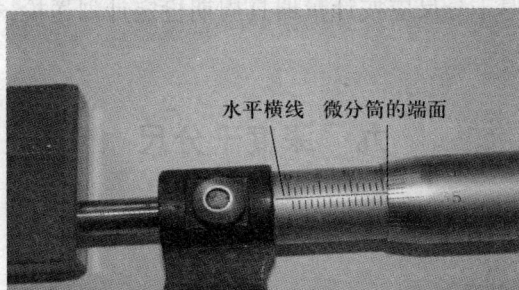

水平横线　微分筒的端面

图 1 - 42　板厚千分尺的读数示例(千分尺的读数为 15.365mm)

果 0.5mm 刻线已经露出,则微分筒上读数加上 0.5mm 才是测量所得的小数。这一点要特别注意,不然可能多读或少读。

当微分筒上没有一条线与基线恰好重合时,应估读到小数点后第 3 位数,如图 1 - 31 所示微分筒上的读数为 0.365mm:

$$0.36 + 0.005 = 0.365(mm)$$

③ 求和,将上述两次读数相加,即为所求的测量结果:

$$15 + 0.365 = 15.365(mm)$$

(三) 使用保养注意事项

(1) 使用完毕,用干净棉布擦净板厚千分尺的各部位,用小毛刷在测量面薄涂一层润滑油,然后放入量具盒保存。

(2) 相对湿度 90% 以上或两天以上不用,在测量面上和测微螺杆上涂防锈油,两测量面之间的距离为 1mm 左右。

(3) 板厚千分尺后盖松动时,拧紧后须校对"零"位再用;不允许在千分尺的固定套筒和微分筒之间注入机油和煤油。

(4) 板厚千分尺不允许摆放在振动的机床上;送检时,手推车上应垫以泡沫塑料或软布减震。

(5) 板厚千分尺不允许摆放在环境存在强磁力的位置以及酸性氛围和潮湿的地方。

(6) 板厚千分尺应定置摆放,不允许与工具(榔头、钳子等)、刀具、零件等杂物混放;不允许与其他量具触碰、叠放。

（7）板厚千分尺应按计量器具周期检定计划送检,检定合格后才能使用。

九　深度千分尺

（一）结构原理、规格、用途

1. 结构原理

深度千分尺是利用螺旋副传动原理将回转运动变为直线运动的一种长度测量量具。

深度千分尺由微分筒、固定套管、测量杆、测力装置、锁紧装置、基座等组成（图1-43）,基座的底面是测量的基面,它相当于千分尺的测砧。

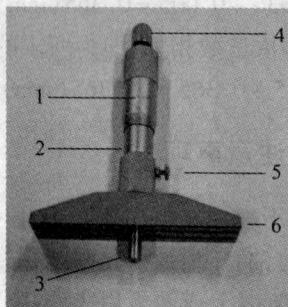

图1-43　深度千分尺
1—微分筒;2—固定套管;3—测量杆;4—测力装置;
5—锁紧装置;6—基座。

2. 常用规格

深度千分尺的规格:0～25mm;25mm～50mm;50mm～75mm;75mm～100mm。示值误差不大于±0.005mm。

3. 主要用途

在制造业中,深度千分尺常用于测量工件的孔或槽的深度以及台阶高度。

（二）使用方法

1. 检查外观

目视检查深度千分尺，其工作面无锈蚀、碰伤、划痕、缺件等缺陷；非工作面不应有镀层脱落现象，各刻线清晰、平直、均匀、无断线及影响准确度的其他缺陷。

2. 检查各部分的相互作用

测量杆移动或微分筒转动应灵活、平稳、无卡滞现象；测量杆不应有手感觉到的轴向窜动和径向摆动，测量杆的轴向窜动和径向摆动均应不大于 0.01mm，若异常，应送调修。

3. 校"零"位

例如，0~25mm 深度千分尺校"零"位，擦净千分尺的基准面和测量杆的测量表面，旋转微分筒使其端面退至固定套筒的"零"线之外，然后将千分尺的基面贴在 0 级研磨平板（或 0 级平尺或 2 级平面平晶也可）上，左手压住底座，右手慢慢地转动测力装置，如图 1-44 所示，使测量杆表面与 0 级研磨平板（或 0 级平尺或 2 级平面平晶也可）接触，此时深度千分尺的读数应位于"零"刻线。

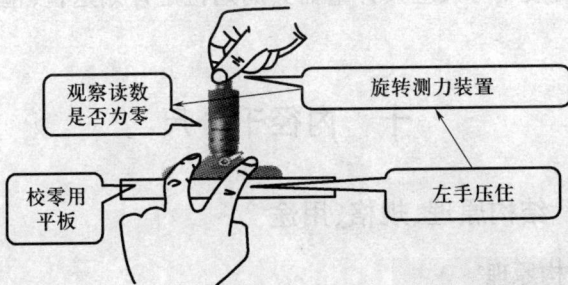

图 1-44　深度千分尺校验零位示意图

量程大于 25mm 的深度千分尺校"零"，则用"校对量杆"校"零"：把校对量杆的上、下面和 0 级研磨平板的工作面擦净，将校对量杆放在

0 级研磨平板上,再把千分尺的基准面贴在校对量杆上校"零",千分尺测得到尺寸与校对量杆一致即校零合格;否则超差,应送修。

4. 测量方法

深度千分尺的测量方法与前述外径千分尺相同。

(三)使用保养注意事项

(1)使用完毕,用干净棉布擦净深度千分尺的各部位,用小毛刷在测量杆及测量头表面薄涂一层润滑油,然后放入量具盒保存。

(2)相对湿度 90% 以上或两天以上不用,在测量杆表面上涂防锈油。

(3)深度千分尺后盖松动时,拧紧后须校对"零"位再用;不允许在千分尺的固定套筒和微分筒之间注入机油和煤油。

(4)深度千分尺不允许摆放在振动的机床上;送检时,手推车上应垫以泡沫塑料或软布减震。

(5)深度千分尺不允许摆放在环境存在强磁力的位置以及酸性氛围和潮湿的地方。

(6)深度千分尺应定置摆放,不允许与工具(榔头、钳子等)、刀具、零件等杂物混放;不允许与其他量具触碰、叠放。

(7)深度千分尺应按计量器具周期检定计划送检,检定合格后才能使用。

十 内径千分尺

(一)结构原理、规格、用途

1. 结构原理

内径千分尺是利用螺旋副传动原理将回转运动变为直线运动,对内径千分尺两端测量面间分隔的距离进行测量读数的长度内尺寸测量工具。它主要由固定测头、接长杆、锁紧装置、固定套筒、测微头、活动测头组成,如图 1-45 所示。

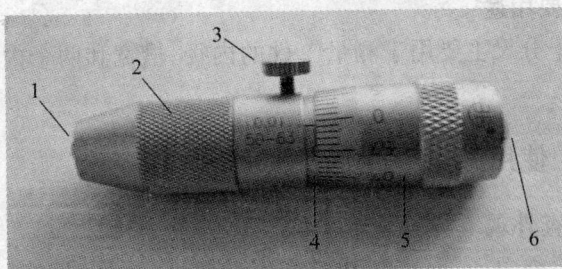

图 1 - 45　内径千分尺结构

1—固定测头;2—接长杆;3—锁紧装置;4—固定套筒;5—测微头;6—活动测头。

2. 常用规格

内径千分尺的规格:50mm ～ 75mm;75mm ～ 100mm;100mm ～ 125mm;125mm ～ 150mm;150mm ～ 175mm;175mm ～ 200mm;200mm ～ 225mm;225mm ～ 250mm;250mm ～ 275mm;275mm ～ 300mm;50mm ～ 250mm;50mm ～ 600mm;150mm ～ 2000mm;150mm ～ 3000mm;250mm ～ 2000mm;250mm ～ 3000mm;250mm ～ 4000mm;250mm ～ 6000mm。

内径千分尺配有接长杆(图 1 - 46),接长杆与测微头的组合尺寸的示值误差有要求:尺寸范围 50mm ～ 125mm,示值误差为 0.006mm;125mm ～ 200mm,示值误差为 0.008mm 等,配置时应注意。

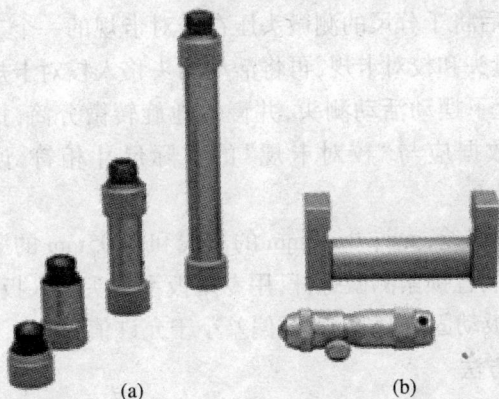

(a)　　　　　　　　　　(b)

图 1 - 46　内径千分尺所配接长杆和卡规

(a)接长杆;(b)校对卡规。

3. 主要用途

内径千分尺主要用于测量工件的内径、槽宽和两个内表面之间的距离。

（二）使用方法

1. 检查外观

目视检查内径千分尺,其工作面无锈蚀、碰伤、划痕、缺件等缺陷。非工作面不应有镀层脱落现象,各刻线清晰、平直、均匀、无断线及影响准确度的其他缺陷。

2. 检查各部分的相互作用

旋动微分筒,微分筒在全部工作行程内往返时应灵活、平稳、无卡滞摩擦现象,也无手感觉到的径向摆动和轴向窜动。测微头的锁紧装置的作用应可靠。

各接长杆装卸应灵活、连接可靠,无手感觉到的晃动。接长杆内的量杆接触应良好,移动应灵活。

3. 校"零"位

使用配置的校对卡规(图 1-46)进行校"零"位。擦净内径千分尺和校对卡规的测量面,将内径千分尺测量范围调至约小于校对卡规的尺寸,然后将千分尺的测微头压在校对卡规的一个工作面上,左手护住该测量头和校对卡规,再将活动测头移入校对卡规内,右手轻轻朝前后和上下摆动活动测头,并慢慢地旋转微分筒,找出最小值,从尺上读得数据应与"校对卡规"的实际尺寸相符,说明"零"位准确。

若有微小偏差,允许 0.10mm 的离线和 0.05mm 的压线,超出允许值,用锁紧装置锁紧测微螺杆,用专用扳手尖头插入扳手插入孔中(图 1-47),扳动固定套筒,直至偏差小于允许值。

4. 测量方法

(1) 选用接长杆。测量前,根据被测尺寸的公称值按照量具制造厂家提供的接长杆选用表中的规定顺序选用接长杆,接长杆上标

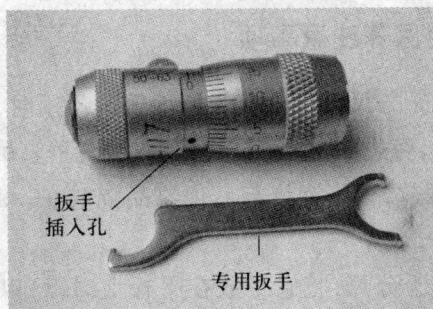

图 1-47 扳手插入孔和专用扳手

注有规格,如图 1-48 所示。只有按规定顺序,误差才最小。

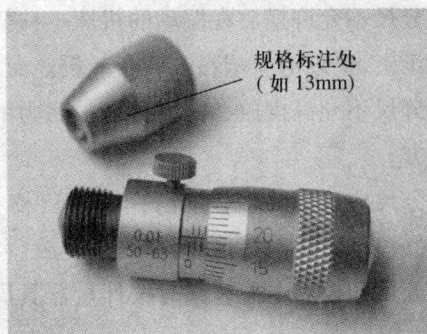

图 1-48 接长杆上标注的规格

(2)连接接长杆。最长的接长杆与测微头连接,最短的接长杆最后与固定测头连接,中间的接长杆按尺寸大小顺序连接。旋紧螺纹,防止松动。

(3)测量读数。将内径千分尺调至略小于被测尺寸,然后把固定测头先放入孔内,左手拿住它并把它压入孔壁,使之与孔壁紧密接触,再把活动测头放入孔内,右手慢慢旋转微分筒,同时分别沿着孔的轴向和径向小心地摆动活动测头,轴向找到最小值,径向找到最大值为止。这一读数就是所测定的直径读数。

（三）使用保养注意事项

（1）当内径千分尺已接上接长杆而暂时不用时,可将内径千分尺平放在平板上,旁边加支撑以防止滚动,或者垂直吊起来。不允许将它倾斜靠壁摆放,也不允许与其他物品混放在一起,以防把它磕碰、压伤、变形。

对大型内径千分尺,将它平放在平板上时,可以不用支撑。但是,平板的长度要比千分尺的总长要长。

（2）用完后,必须把接长杆卸下,擦净后在接长杆的螺纹部位涂防锈油,放入盒内固定位置,置于干燥的地方存放。

（3）内径千分尺不允许摆放在振动的机床上;送检时,装入量具盒中平放在手推车上,垫以泡沫塑料或软布减震。

（4）内径千分尺不允许摆放在环境存在强磁力的位置以及酸性氛围和潮湿的地方。

（5）内径千分尺应定置摆放,不允许与工具(榔头、钳子等)、刀具、零件等杂物混放;不允许与其他量具触碰、叠放。

（6）内径千分尺和校对卡规应同时按计量器具周期检定计划送检,检定合格后才能使用。

对大型内径千分尺(量程大于 500mm),如果自己本单位无法检定,要送法定计量部门检定。

十一　螺纹千分尺

（一）结构原理、规格、用途

1. 结构原理

螺纹千分尺是利用螺旋副传动原理将回转运动变为直线运动,对 V 形测头与锥形测头之间分隔的距离进行测量读数的螺纹中径测量工具。螺纹千分尺除了测头外,其他结构与外径千分尺完全相同。它主要由调零装置Ｖ形测头、锥形测头、测微螺杆、锁紧装置、固定套筒、微分筒、测力装置、尺架、隔热板组成,如图1－49所示。

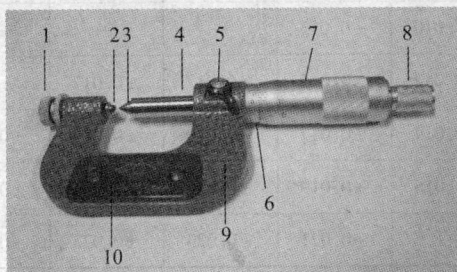

图1－49　螺纹千分尺的外形结构

1—调零装置;2—Ｖ形测头;3—锥形测头;4—测微螺杆;5—锁紧装置;

6—固定套筒;7—微分筒;8—测力装置;9—尺架;10—隔热板。

2.常用规格

螺纹千分尺规格有0～25mm;25mm～50mm;50mm～75mm;75mm～100mm;125mm～150mm。

配置时注意,由于螺纹千分尺属于专用量具,它的测头锥角(60°)和Ｖ形角是根据被测螺纹的牙型角和螺距的标准尺寸制造的,当被测件的牙型角和螺距有误差时,两个测头和被测牙型就不能很好地吻合,会产生较大的测量误差。所以,螺纹千分尺不宜用于测量高精度的螺纹中径,只适用于测量6级～9级精度的外螺纹中径。因此,配置时要确认螺纹千分尺的允许误差应满足工艺质量检测标准要求,螺纹千分尺的最大允许示值误差见表1－4所列。

3.主要用途

螺纹千分尺主要用于测量工件的外螺纹中径。

表 1 - 4   螺纹千分尺的最大允许示值误差   单位:mm

螺距范围	测量中径范围					
	0 ~ 25	25 ~ 50	50 ~ 75	75 ~ 100	100 ~ 125	125 ~ 150
0.4 ~ 0.5	±0.010	—	—	—	—	—
0.6 ~ 0.8	±0.010	±0.013	—	—	—	—
1 ~ 1.25	±0.012	±0.015	±0.017	±0.017	—	—
1.5 ~ 2.0	±0.014	±0.017	±0.019	±0.019	±0.020	±0.023
2.0 ~ 3.5	±0.016	±0.019	±0.021	±0.021	±0.023	±0.025
4.0 ~ 6.0	—	±0.021	±0.023	±0.023	±0.025	±0.028

(二)使用方法

1. 检查外观

目视检查螺纹千分尺及校对用的量杆工作面,应无锈蚀、碰伤、划痕、缺件等缺陷。非工作面不应有镀层脱落现象,各刻线清晰、平直、均匀、无断线及影响准确度的其他缺陷。测头及校对用的量杆工作面不得有明显磨损。

螺纹千分尺应配有成套锥形测头和 V 形测头,各测头应标明所测量的螺距(图 1 - 50)。校对用的量杆上应标明厂标、标称尺寸。

2. 检查各部分的相互作用

旋动微分筒,微分筒在全部工作行程内往返时,应灵活、平稳,无卡滞摩擦现象。测微螺杆无手感觉到的径向摆动和轴向窜动,若有窜动,可用杠杆千分表测量径向摆动和轴向窜动,均应不超过 0.01mm。

锁紧装置的作用应可靠。

3. 校"零"位

量程为 25mm ~ 50mm 的螺纹千分尺校"零"位,即测量配用的校对用量杆,若千分尺测量值等于校对用量杆的标称值,即"零"位正确。

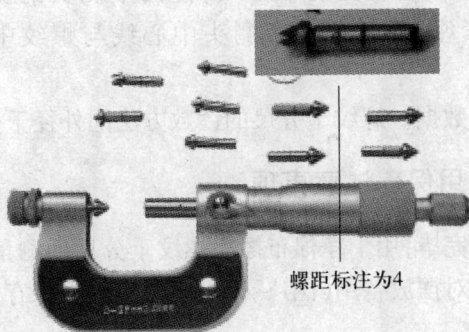

图 1 - 50　测头上标注的螺距

校"零"标准：校验"零"位的偏差数值小于 $2\mu m$；否则，应送调修。

4. 测量方法

（1）根据被测螺纹的公称直径和螺距选择合适的千分尺。特别注意测头上表示所测螺距的数字，而且 V 形测头与锥形测头应成对使用。

（2）测量前，要用小毛刷蘸汽油把被测螺纹擦洗干净，将被测螺纹牙沟中的油污、铁屑等污物擦净，以免造成测量误差。

（3）将螺纹千分尺的 V 形测头"卡口"跨在牙尖上，锥形测头插入牙沟内，如图 1 - 51 所示。

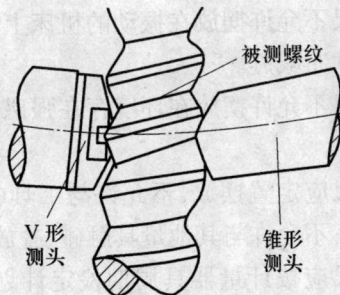

图 1 - 51　V 形测头"卡"在牙尖

45

（4）测量时，轻轻晃动千分尺，使两个测头的测量面与螺纹牙型面接触紧密，而且使两个测头中心线与螺纹中心线垂直并相交。

（5）读出数据。螺纹千分尺的读数方法同外径千分尺。

（三）使用保养注意事项

（1）使用完毕，用干净棉布擦净螺纹千分尺的测量面和各部位，擦净测头并成对摆放备用（图1－52），放入量具盒保存。

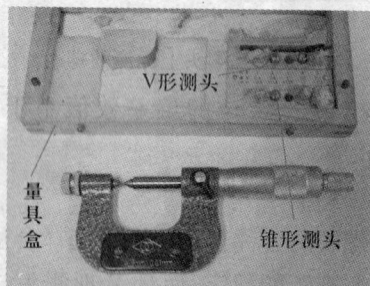

图1－52　擦净测头放入量具盒

（2）相对湿度90%以上或两天以上不用，在测头上和测微螺杆上涂防锈油。

（3）螺纹千分尺后盖松动时，拧紧后须校对"零"位再用；不允许在千分尺的固定套筒和微分筒之间注入机油和煤油。

（4）螺纹千分尺不允许摆放在振动的机床上；送检时，手推车上应垫以泡沫塑料或软布减震。

（5）螺纹千分尺不允许摆放在环境存在强磁力的位置以及酸性氛围和潮湿的地方。

（6）螺纹千分尺应定置摆放，不允许与工具（榔头、钳子等）、刀具、零件等杂物混放；不允许与其他量具触碰、叠放。

（7）螺纹千分尺应按计量器具周期检定计划送检，检定合格后才能使用。

十二　公法线千分尺

（一）结构原理、规格、用途

1. 结构原理

公法线千分尺是利用螺旋体原理,对弧形尺架上两个盘形测量面分隔的距离进行读数的一种测量齿轮齿面公法线的测量工具。

它由盘形测量面、测微螺杆、固定套筒、微分筒、测力装置、尺架、隔热板组成,如图 1-53 所示。

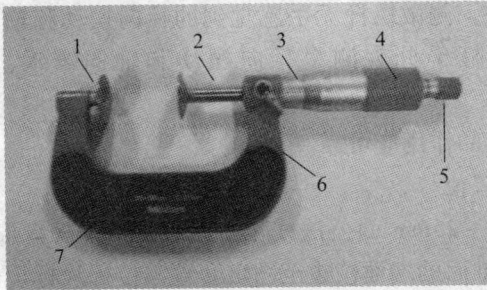

图 1-53　公法线千分尺的外观与结构

1—盘型测量面;2—测微螺杆;3—固定套筒;4—微分筒;
5—测力装置;6—尺架;7—隔热板。

2. 常用规格

公法线千分尺规格:0～25mm;25mm～50mm;50mm～75mm;75mm～100mm;100mm～125mm;125mm～150mm。

3. 主要用途

公法线千分尺用于测量齿轮公法线长度,可方便测量直齿轮和斜齿轮根切线方向的长度,盘形测量面 0.7mm 的边围厚度便于插入狭窄的凹槽进行测量。盘形测量面可测量齿轮公法线及纸张厚度等,是一种通用的主要用于齿轮测量的工具。

（二）使用方法

1. 检查外观

目视检查公法线千分尺，应无锈蚀、碰伤、划痕、缺件等缺陷；各刻线清晰、平直、均匀、无断线及影响准确度的其他缺陷。

盘形测量面及校对用的量杆工作面不得有明显磨损。

测量上限等于或大于 50mm 的公法线千分尺，应提供校对用量杆，校对量杆上应标志长度标称尺寸。

2. 检查各部分的相互作用

旋动微分筒，微分筒在全部工作行程内往返时，应灵活、平稳，无卡滞摩擦现象。测微螺杆无手感觉到的径向摆动和轴向窜动，若有窜动，可用杠杆千分表测量径向摆动和轴向窜动，均应不超过 0.01mm。

锁紧装置的作用应可靠。

3. 校"零"位

量程为 0～25mm 的公法线千分尺校"零"位，盘形测量面合拢时，微分筒圆锥面的端面棱边至固定套管零位标尺标记的距离，允许压线不大于 0.05mm，离线不大于 0.10mm，即"零"位正确。

量程为 25mm～50mm 的公法线千分尺校"零"位，即测量配用的校对用量杆，若千分尺测量值等于校对用量杆的标称值，即"零"位正确。

校"零"标准：校验"零"位的偏差数值小于 $2\mu m$；否则，应送调修。

4. 测量方法

（1）根据被测齿轮的顶圆直径选择公法线千分尺的测量范围，如表 1-5 所列。

（2）确定 n（跨测齿数）。确定跨测齿数有两种方法：一是根据图纸上确定；二是根据查量具厂家在公法线千分尺量具盒内所附的跨测齿数表，进行查表确定，用查表法确定既方便又迅速，且不易发生计算误差。

表1－5 公法线千分尺测量范围　　　单位:mm

顶圆直径	测量范围	顶圆直径	测量范围
75 以下	0 ~ 25	375 以下	100 ~ 125
150 以下	25 ~ 50	400 以下	125 ~ 150
225 以下	50 ~ 75	520 以下	150 ~ 175
300 以下	75 ~ 100	600 以下	175 ~ 200

例如,从零件图上知,分度圆压力角 $\alpha = 20°$,模数 $m = 3$, $z = 37$ 标准($x = 0$)的直齿圆柱渐开线齿轮,求跨测齿数。

查跨测齿数表表知:跨测齿数 $n = 5$。

(3) 测量 W(公法线长度)。确定跨测齿数 n 后,就可以使用公法线千分尺进行测量了,测量示例如图1－54所示。

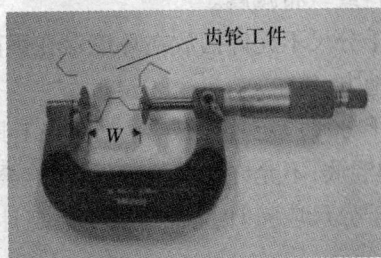

图1－54 公法线千分尺测量示例

公法线千分尺的测量读数方法与外径千分尺相同。

(三) 使用保养注意事项

(1) 擦净公法线千分尺盘形测量面和其他非工作面(图1－55),涂上防锈油。

(2) 测量时,公法线千分尺的两个盘形测量面应在分度圆上与齿面接触,以避开齿形修缘部分和过渡曲线,因此,必须正确确定跨测齿数 n。

(3) 相对湿度90%以上或两天以上不用,在盘形测头上和测微螺杆上涂防锈油。

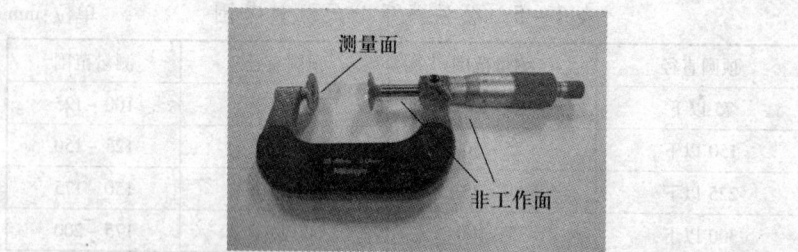

图 1 – 55　用后应清洁测量面

（4）公法线千分尺后盖松动时，拧紧后须校对"零"位再用；不允许在千分尺的固定套筒和微分筒之间注入机油和煤油。

（5）公法线千分尺不允许摆放在振动的机床上；送检时，手推车上应垫以泡沫塑料或软布减震。

（6）公法线千分尺不允许摆放在环境存在强磁力的位置以及酸性氛围和潮湿的地方。

（7）公法线千分尺应定置摆放，不允许与工具（榔头、钳子等）、刀具、零件等杂物混放；不允许与其他量具触碰、叠放。

（8）公法线千分尺应按计量器具周期检定计划送检，检定合格后才能使用。

十三　奇数沟千分尺

（一）结构原理、规格、用途

1. 结构原理

奇数沟千分尺又叫做 V 形砧式千分尺，是运用螺旋副原理和采用 V 形测砧的三点式测量（即两点定位、一点测量）的一种长度计量器具。

奇数沟千分尺由 V 形测砧、测微螺杆、固定套筒、微分筒、测力装置、隔热板、尺架组成，如图 1 – 56 所示。

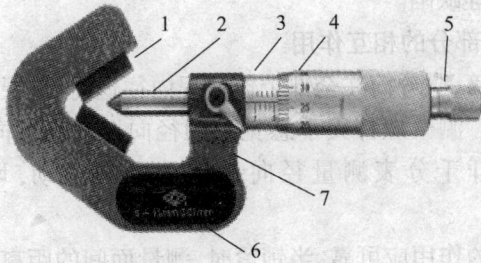

图 1 - 56　奇数沟千分尺

1—V 形测砧;2—测微螺杆;3—固定套筒;4—微分筒;
5—测力装置;6—隔热板;7—尺架。

2．常用规格

奇数沟千分尺规格:0 ~ 25mm;25mm ~ 50mm;50mm ~ 75mm;75mm ~ 100mm;100mm ~ 125mm;125mm ~ 150mm。

奇数沟千分尺有三沟千分尺、五沟千分尺、七沟千分尺三种。

当测砧间夹角 $\alpha = 60°$ 时,称为三沟千分尺。其测量范围:1mm ~ 15mm;5mm ~ 20mm;20mm ~ 35mm;35mm ~ 50mm;50mm ~ 65mm;65mm ~ 80mm。它能测量沟槽数目为 $3,9,\cdots,3 \times (2n - 1)$ 的工件。

当测砧间夹角 $\alpha = 108°$ 时,称为五沟千分尺,其测量范围:2mm ~ 25mm;25mm ~ 45mm;45mm ~ 65mm;65mm ~ 85mm。它能测量沟槽数目为 $5,15,\cdots,5 \times (2n - 1)$ 的工件。

当测砧间夹角 $\alpha = 128°17'17''$ 时,称为七沟千分尺,其测量范围:5mm ~ 25mm;25mm ~ 45mm;45mm ~ 65mm;65mm ~ 85mm。它能测量的沟槽数目为 $7,21,\cdots,7 \times (2n - 1)$。

3．主要用途

奇数沟千分尺主要用于测量具有奇数等分沟槽、齿类的制件(如丝锥、铰刀等)外径尺寸的量具。

(二)使用方法

1．检查外观

检查奇数沟千分尺的测量面,不应有影响使用性能的锈蚀、碰伤、划痕、裂纹等缺陷。

2. 检查各部分的相互作用

旋动微分筒,微分筒在全部工作行程内往返时,应灵活、平稳,无卡滞摩擦现象。测微螺杆无手感觉到的径向摆动和轴向窜动,若有窜动,可用杠杆千分表测量径向摆动和轴向窜动,均应不超过 0.01mm。

锁紧装置的作用应可靠,当锁紧时,测量面间的距离与未锁紧时的变化差不应大于 2μm。

3. 校"零"位

奇数沟千分尺校"零"位,即测量配用的圆形校对用量柱(图 1 - 57),若千分尺测量值等于校对用量柱的标称值,即"零"位正确。

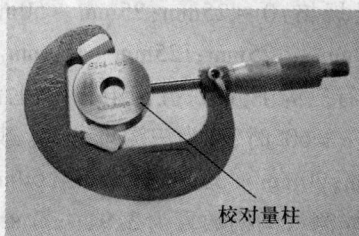

校对量柱

图 1 - 57　奇数沟千分尺校零位

校"零"标准:校验"零"位的偏差数值小于 2μm;否则,应送调修。

4. 测量方法

1)测量沟槽型工件(如丝锥、铣刀等)

首先根据被测件的沟槽数目及其直径选择千分尺。方法:分别用 3、5、7 除被测件的沟槽数,被其中哪个数除尽,就选取哪种奇数沟千分尺,然后考虑被测件的直径大小选取相应测量范围的千分尺。测量方法与外径千分尺相同。

2)测量圆度

在工厂,尽管可用圆度仪测量圆度,但是,在生产现场,最简便的方法就是用奇数沟千分尺测量圆度。测量圆度所用公式:

$$所测圆度\ \varepsilon = \frac{S}{K}$$

式中:S 为千分尺的读数;

K 值按如下规则获得,在三沟千分尺上测量棱边数 $n = 3$、9 边棱时,$K = 3$;在五沟千分尺上测量 $n = 3$、5、11、13、19、21 边棱时,$K = 2$;在七沟千分尺上测量 $n = 5$、7、17、18 边棱时,$K = 2$。

"三 V 法":当不知道被测件的 n,所以无法选择千分尺。在这种情况下,可以分别用三沟、五沟、七沟千分尺去测量工件的同一部位,然后分别计算出圆度值 ε,取其中最大值作为测量结果。

例如,用无心磨床加工 $\phi 28^{+0.025}_{-0.010}$ mm 轴,测量圆度,分别用 $25\text{mm} \sim 50\text{mm}$ 的三沟、五沟、七沟千分尺测量。$\varepsilon_3 = 0.015\text{mm}$,$S_5 = 0.009\text{mm}$,$S_7 = 0.008$,故:

$\varepsilon_3 = 0.015/3 = 0.005(\text{mm})$;

$\varepsilon_5 = 0.009/2 = 0.045(\text{mm})$;

$\varepsilon_7 = 0.008/2 = 0.004(\text{mm})$;

取其中的最大值 0.005mm;

所以该试件圆度值为 0.005mm。

（三）使用保养注意事项

（1）不得碰撞 V 形测砧的两个测量面,如果发现测量面松动,则奇数沟千分尺不能继续使用,应修复后再检定,合格后才能使用。

（2）相对湿度 90% 以上或两天以上不用,在 V 形测砧上和测微螺杆上涂防锈油。

（3）奇数沟千分尺后盖松动时,拧紧后须校对"零"位再用;不允许在千分尺的固定套筒和微分筒之间注入机油和煤油。

（4）奇数沟千分尺不允许摆放在振动的机床上;送检时,手推车上应垫以泡沫塑料或软布减震。

（5）奇数沟千分尺不允许摆放在环境存在强磁力的位置以及酸性氛围和潮湿的地方。

（6）奇数沟千分尺应定置摆放,不允许与工具(榔头、钳子等)、刀具、零件等杂物混放;不允许与其他量具触碰、叠放。

（7）奇数沟千分尺应按计量器具周期检定计划送检,检定合格后才能使用。

十四 百 分 表

（一）结构原理、规格、用途

1. 结构原理

百分表是利用齿条与齿轮或杠杆与齿轮转动,将测杆的直线位移通过机械转动系统转变为指针在表盘上的角位移进行读数的通用长度计量器具,如图 1－58 所示。

图 1－58 百分表的外观与结构
1—表体;2—表圈;3—表蒙;4—大指针;
5—小指针;6—装夹套筒;7—测杆;8—测头。

百分表由表体(内部齿轮传动机构)、表圈、表蒙、大指针、小指针、装夹套筒、测杆及测头组成。小指针转过 1 格,刻度值为 1mm,大指针转过 1 格,刻度值为 0.01mm。

2. 常用规格

百分表的规格:0~3mm,0~5mm,0~10mm。

测量精度:0~3mm 百分表,示值误差 ±0.014mm;0~5mm 百分表,示值误差 ±0.016mm;0 ~ 10mm 百分表,示值误差 ±0.018mm。

3. 主要用途

主要用于测量零部件的尺寸和形状误差、位置误差等长度类参数。

(二) 使用方法

1. 检查外观

百分表的玻璃表蒙应透明,不允许有破裂、脱落现象。百分表的后盖封得严密,能防灰尘和其他液体进入。测杆、测头、装夹套筒不得有裂纹、锈蚀等影响使用的缺陷。刻线应清晰、均匀。

2. 检查各部分的相互作用

百分表的表圈转动应平稳;指针应牢固;测杆总行程应大于测量上限,移动应无阻碍、卡滞;表圈转动及指针转动平稳、可靠。

3. 调校"零"位

百分表不需要校对"零"位。但在测量中为了读数方便,一般都把指针调到指在"零"刻线上,即调"零"位。

调"零"方法,先提起测杆使测头与基准表面接触,并使大指针转过 1/2 圈 ~ 1 圈。一是保证有一定的起始测量力;二是保证在测量中既能读出正数又能读出负数(正数或负数是以"零"位为基准的),然后,把表紧固住。轻轻转动表盘使指针对准零刻度。

4. 测量方法

(1) 擦净测头、测杆、装夹套筒、表蒙及被测件表面。

(2) 检查灵敏度。拨动百分表的测杆,测杆的移动应平稳、灵活,无卡滞,指针与表盘不得有摩擦,表盘无晃动。

(3) 检查稳定性。拨动百分表的测杆 3 次,指针应回到原位,如果不回到原位,允许误差不大于 ±0.003mm。

(4) 检查大指针和小指针的关系。具有小指针的百分表,当小指针指示在整数时,大指针偏离"零"位应不大于 15 个刻度。

(5) 把百分表装夹在磁性表夹上或专用表架上(图 1 – 59),夹紧百分表的装夹套筒后,测量杆应能平稳、灵活地移动,无卡滞。

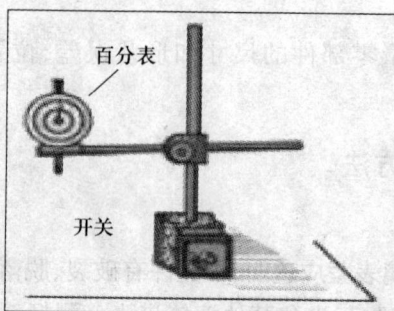

图 1 – 59   磁性表架

(6)测量时,先把测量杆提起(图 1 – 60),再把工件轻轻推到测头下面,不得把工件强迫推入测头下面,防止测头撞坏。

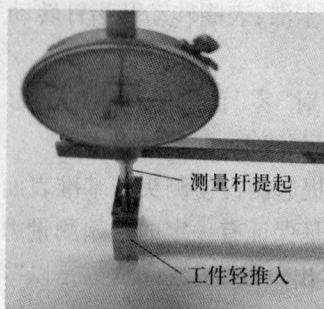

图 1 – 60   百分表测量示例

注意,工厂计量室修理的百分表,据统计约 62% 损坏的百分表是不小心将测头撞坏所致。所以,应特别注意,使用百分表时应轻轻移动测量杆及测头。

(7)测量工件的形位误差:

①检测径向跳动。装夹百分表,使测头接触被测件表面后,调好百分表零位,将被测件旋转 1 周(图 1 –61),百分表的最大读数与最小读数之差,即为该剖面的径向跳动值。

对径向跳动要求高的测量,应取多个剖面测得数值的最大值作

百分表

图1－61　检测轴的跳动

为该表面的径向跳动值。

②检测端面跳动。检测方法与径向跳动一样。需注意,检测端面跳动是在给定直径的圆周上,被测端面的各点与垂直于基准轴心线的平面间最大与最小距离之差。

在不同的直径上,其端面跳动的数值是不同的。若未给定直径,应取被测表面的最大直径上测量端面跳动,且不许工件轴向移动。

③检查垂直度。

a.将百分表装夹于高度尺表架上,用直角尺作为测量比较基准。

b.测量时,使百分表的测头沿被测直角面慢慢下降移动。如果立柱不垂直于工作台面,则百分表的指针就会偏移,指针相对于“零”位的变化数值,就是该立柱的垂直度值。

例如,将百分表移动至立柱的最高位置,将指针置“零”,当高度尺下降使百分表的测头沿被测立柱面缓慢移动,最后使百分表测头移过所有立柱被测表面,偏离高于“零”位的最大值,例如,0.05mm即为被测垂直度值。

(8) 读数时,眼睛要垂直于百分表指针。

(三) 使用保养注意事项

(1) 不允许把百分表随便装夹在不牢靠的地方,既易产生测量误差,又容易摔坏百分表。

(2)百分表是精密量仪,不能让百分表跌落,猛烈冲击会使百分表齿条(图1-62)缺损,导致仪表报废。

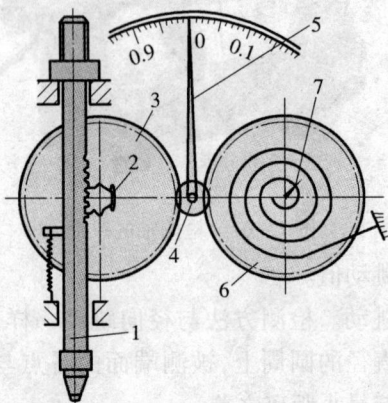

图1-62 百分表内部结构示意图

1—测量杆及齿条(中间部位为齿条);2—齿轮 a;3—齿轮 b;

4—齿轮 c;5—大指针;6—游丝;7—小指针。

(3)测量杆不涂防锈油,若将防锈油涂于测量杆上,油干枯后会导致测量阻滞,产生较大误差。

(4)不允许使百分表测头来回往复空运转,以免使仪表过早磨损报废。百分表要轻拿轻放,不允许与工件、工具、杂物混放。

(5)不允许拆卸百分表的后盖,防止灰尘、潮气侵入,或水、油等其他液体侵入表内,严禁把仪表侵入液体中。

(6)不使用时,应让百分表的测杆处于完全放松状态,避免内部零件长期处于受力状态而老化,影响精度。

(7)百分表应定置摆放,放置在干燥、无磁性、无酸性、无震动的地方保存。不允许与工具(榔头、钳子等)、刀具、零件等杂物混放,不允许与其他量具触碰、叠放。

(8)应按计量器具周期检定计划送检,检定合格后才能使用。

十五　内径百分表

（一）结构原理、规格、用途

1. 结构原理

内径百分表是将活动测头的直线位移通过机械运动转变为百分表指针的角位移或数值量值，由百分表进行读数的内径尺寸测量工具。

内径百分表由百分表和测头、定位护桥、直管、手柄、锁紧螺钉等组成，如图 1-63 所示。为提高测量精度，采用内径专用百分表作为内径百分表的读数装置。

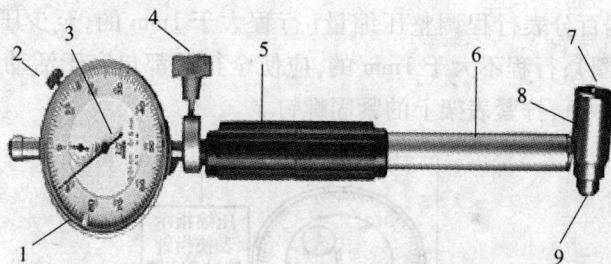

图 1-63　内径百分表的外观与结构

1—百分表；2—制动器；3—指针；4—锁紧螺钉；5—手柄；

6—直管；7—活动测头；8—定位护桥；9—可换测头。

2. 常用规格

内径百分表规格：6mm ~ 10mm；10mm ~ 18mm；18mm ~ 35mm；35mm ~ 50mm；50mm ~ 100mm；100mm ~ 160mm；160mm ~ 250mm；250mm ~450mm。

3. 主要用途

内径百分表是测量内孔尺寸的精密量具，可用于测量孔径从 6mm ~450mm 范围内的尺寸偏差及孔的圆度偏差值。

（二）使用方法

1. 检查外观

内径百分表各外表面不应有损伤、锈蚀等影响精度和外观质量的缺陷；百分表和可换测头应标有测量范围；测量头不应有明显磨损。

2. 检查各部分的相互作用

内径百分表活动测量头和定位护桥应移动平稳、灵活，不应有明显的晃动。可换测头应更换方便，紧固后应稳定可靠。测头伸缩移动自如，无卡滞。

3. 调对"零"位

（1）百分表安装。校"零"位前，先将百分表装入直管（图1-64），根据百分表行程调整压缩量（行程大于1mm的，至少压缩1/2圈（或1圈）；行程不大于1mm的，应使全行程都包容于活动测头的测量范围内），拧紧表架上的紧固螺钉。

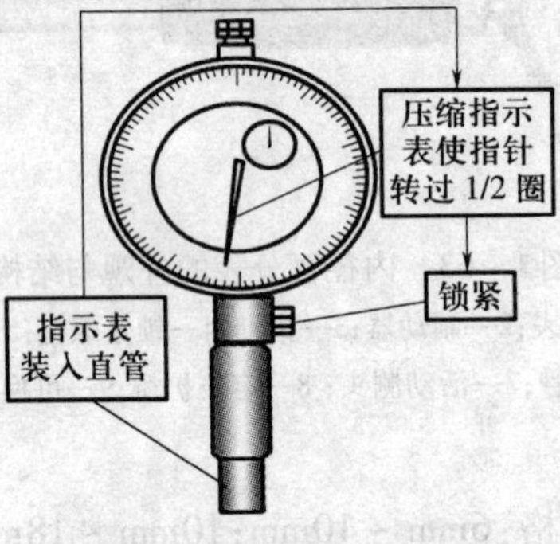

图1-64 百分表安装

（2）调对零位。用手压缩定位护桥和活动测头，插入对"零"用的校对环规（图1-65）或量块组中，面对表盘前后摆动表杆，观察指针找到转折点，此时内径百分表的最小读数值即为测量校对环规的读数尺寸，旋转指示表表圈使指针对准零刻线。

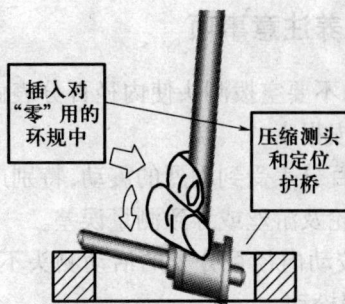

图 1 - 65　内径百分表校零

4. 测量方法

（1）选用可换测头及接长杆。根据被测工件的尺寸,选用相应的可换测头及接长杆。例如,测量 150mm ~ 160mm 的孔径尺寸,在 50mm ~ 160mm 的内径百分表中,可选用标有"150mm ~ 160mm"可换测头及标有"125mm ~ 160mm"的接长杆。

（2）内径尺寸测量。将内径百分表放入被测量孔内,摆动表杆找到转折点读出读数(图 1 - 66),此时内径百分表的最小读数值加上环规尺寸即为被测量孔的直径。

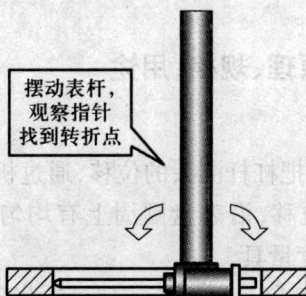

图 1 - 66　测量内孔

测量过程中不能转动表圈,如果不小心碰到百分表,若使表圈有微转动,也应重新对"零"后测量。

（三）使用保养注意事项

（1）轻拿轻放，不要空拨测头使内径百分表做过多的无效运动，以免使仪表过早磨损报废。

（2）严防内径百分表受到剧烈的震动，特别严防测头碰撞，将会撞坏表内的传动齿轮及游丝或导致测量误差。

（3）使用时，按动内径百分表的活动测头不要用力过猛、过大，只能轻轻按压、缓缓松动。

（4）保持内径百分表密封，非计量人员不能拆卸百分表，以免使灰尘、油污、水进入百分表，导致内径百分表损坏。

（5）使用后取下百分表，用干净的棉纱擦净可换测头、活动测头和校对用环规，放入量具盒中固定放置。

（6）内径百分表应放置于干燥、无震动、无磁性、无酸性、无腐蚀性气体的地方放置。

（7）内径百分表应按计量器具周期检定计划送检，检定合格后才能使用。

十六　杠杆百分表

（一）结构原理、规格、用途

1. 结构原理

杠杆百分表是把杠杆测头的位移，通过机械传动系统，转变为指针在表盘上的角位移，沿表盘圆周上有均匀分布的刻度，分度值为 0.01mm 的一种长度量具。

杠杆百分表由测头、测量杆、安装槽、指示表、表体组成，按结构分为正面式，侧面式和端面式三种，正面式结构如图 1 - 67 所示。

2. 常用规格

测量规格:0 ~ 0.8mm,0 ~ 1mm,0 ~ 2mm。最大允许示值误差,1级小于 13μm,2 级小于 15μm。

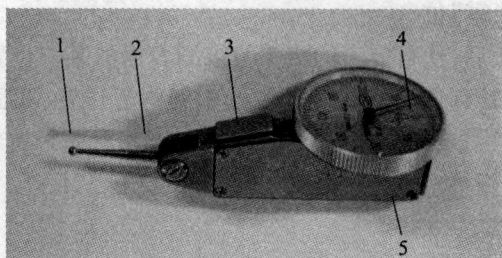

图 1 - 67　杠杆百分表外观与结构

1—测头；2—测量杆；3—安装槽；4—指示表；5—表体。

3. 主要用途

杠杆百分表主要采用比较法测量工件尺寸和用于零件的形状和位置误差等尺寸的测量，还可测量普通百分表难以测量的小孔、凹槽及一些空间尺寸。

（二）使用方法

1. 检查外观

杠杆百分表各外表面不应有损伤、锈蚀等影响精度和外观质量的缺陷；杠杆百分表测量头不应有明显磨损。

2. 检查各部分的相互作用

测杆的指针移动应平稳，灵活，无卡滞现象（图 1 - 68）；测头不应呈棱状而应呈球形，否则不能使用。

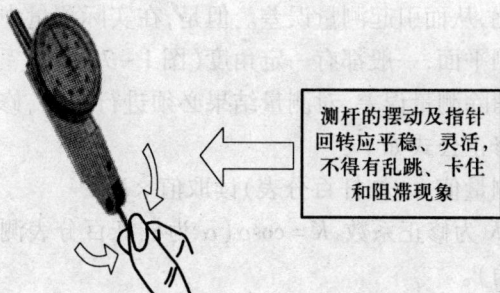

测杆的摆动及指针回转应平稳、灵活，不得有乱跳、卡住和阻滞现象

图 1 - 68　检查杠杆百分表的相互作用

3. 校对"零"位

装夹好表后,使百分表的测头与被测表面的某一位置接触,调整表架,使指针转到该表的测量范围的中间附近位置,紧固住表架,转动表盘使"零"线与指针重合。重复两次,看指针是否重新与之重合,若不重合,则调整至重合,即对好零位。

4. 测量方法

(1) 平行度测量。将杠杆百分表夹持在游标高度尺上(将高度尺作为表架),调"零"后,前后、左右推动游标高度尺的底座,百分表的最大读数与最小读数之差即为被检表面的平直度。

(2) 测量误差的消除。如果杠杆百分表的测杆的位置状态与检定时位置不一致,则产生测量误差。检定时,测杆轴线平行于测量头的测量面(或者说,测杆轴线与测微头测量轴线垂直),如图 1 – 69 所示。

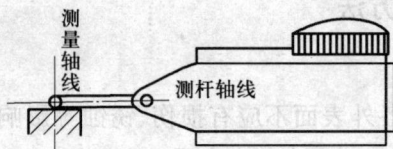

测杆轴线平行于测量头的测量面

图 1 – 69　测杆与测量头轴线垂直

而测量时测杆位置状态与检定时的位置状态不一致,则杠杆比发生了变化,从而引起测量误差。但是,在实际测量中很难做到轴线平行于被测平面,一般都有一定角度(图 1 – 70)。

为了消除测量误差,对测量结果必须进行修正,修正后才是测量的真值。修正公式如下:

正确测量值 =(杠杆百分表)读取值 × K

式中:K 为修正系数,$K = \cos\alpha$(α 为杠杆百分表测量头轴线与被测面之夹角)。

杠杆百分表修正系数见表 1 – 6 所列。

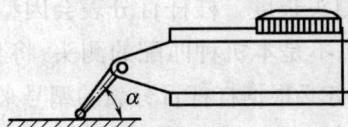

测头与被测对象的
测量面成一定角度 α

图 1 - 70　测量中一般都有一定角度

表 1 - 6　杠杆百分表修正系数表

$\alpha/(°)$	10	15	20	25	30	35	40	45	50	60
$\cos \alpha$	0.985	0.966	0.939	0.906	0.866	0.819	0.766	0.707	0.643	0.500

例如:杠杆表测头与被测表面的角度为 30°,杠杆表指示的读数在 0.05mm 时,正确值为

正确值 $= 0.866$(30° 时的修正系数 k 值)$\times 0.05$(读数)$= 0.043$（mm）

（3）测量读数。杠杆百分表的读数方法与百分表相同。

（三）使用保养注意事项

（1）杠杆百分表的安装。杠杆百分表一般应安装在专用表架（图 1 - 71）或将高度尺作为表架使用,使用附件或另外购置的表架（各种夹板具）,使用前务必确定安装好杠杆百分表。

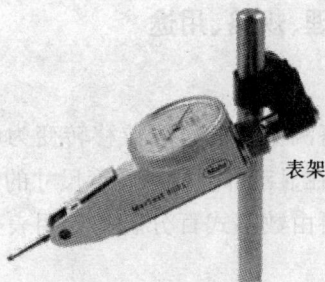

表架

图 1 - 71　专用表架

65

（2）正确选择测头长度。杠杆百分表会因型号不同，测头的长度而各异。若使用了不是本机种匹配的测头，将会给测量结果带来很大的误差。因此，务必根据杠杆百分表的型号来对应使用测头。

（3）使用或测试时，按动杠杆百分表的测头不要用力过猛、过大，只能轻轻按压、缓缓松动。

（4）杠杆百分表使用后，立即将百分表架移开，不得使测头与被测表面一直接触，应解除杠杆表的受力状态以保持其精度。

（5）杠杆百分表使用后，既可将杠杆百分表清洁后从表架上拆下放入量具盒内，也可不拆下与表架一起进行清洁保养。

（6）轻拿轻放，不撞击杠杆百分表，以免内部齿轮和游丝等部件损坏或造成测量误差。

（7）保持杠杆百分表密封，非计量人员不能拆卸杠杆百分表，以免使灰尘、油污、水进入表壳体内，导致杠杆百分表损坏。

（8）杠杆百分表应放置于干燥、无震动、无磁性、无酸性、无腐蚀性气体的地方放置。

（9）杠杆百分表应按计量器具周期检定计划送检，检定合格后才能使用。

十七　测厚百分表

（一）结构原理、规格、用途

1. 结构原理

测厚百分表是将测量杆的直线位移转变为电子信号，通过电子处理器系统处理后，在显示屏上显示厚度尺寸的测量工具。

测厚百分表主要由数字式百分表和专用表架及表座组成，如图 1-72 所示。

2. 常用规格

测量量程为 0~10mm，分度值为 0、01mm，测量直径 6mm。

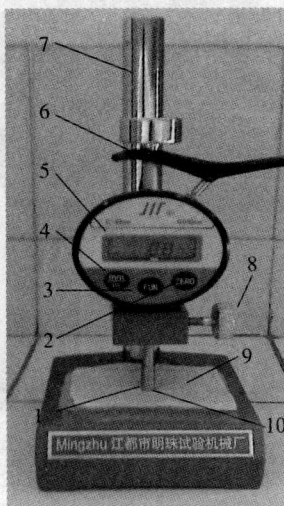

图 1 - 72　测厚百分表

1—平面测头；2—置零键；3—功能键；4—公/英制转换键；5—显示屏；
6—抬放杆；7—支柱；8—锁紧螺钉；9—测砧座；10—测量杆。

3. 主要用途

测量塑料薄板、胶皮、纸张以及钢带等材料的厚度。

（二）使用方法

1. 检查外观

数字式百分表各外表面不应有损伤、锈蚀等影响精度和外观质量的缺陷；测量头不应有明显变形及磨损。显示屏显示数字清晰、稳定。

2. 检查各部分的相互作用

测杆的指针移动应平稳，灵活，无卡滞现象；测头不应有明显磨损，否则不能使用。

3. 置于"零"位

轻轻移动抬放杆将测头放在测砧座上，此时数字式百分表显示屏应显示".00"，若未显示".00"，按置"零"键（ZERO），即可置"零"，如图 1 - 73 所示。

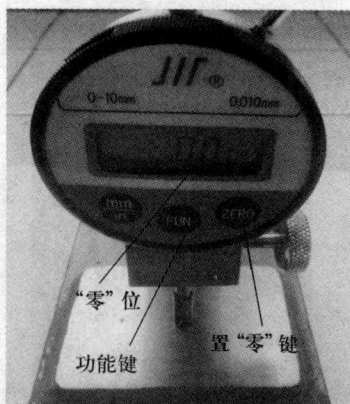

图 1 - 73　测厚仪调"零"

4. 测量方法

（1）根据被测对象选择测头（以及测砧）。若测量橡皮、塑料、布、纸张的厚度,应选用平面形测头测砧;若测量窄槽,应选用尖形厚度百分表;若测量钢板或板材厚度,应选用球面形厚度百分表;若动态测量钢板、钢带厚度,应选用滚动形厚度百分表。

（2）开启电源。按下功能键（FUN）如图 1 - 73 所示,开启仪表电源,显示".00"。若不为零,按置零键（ZERO）置"零";需公/英制转换即按公/英制转换键（mm/in）。

（3）根据需要按功能键（FUN）选择所需设置。正常记数,选择数据保持提示符"H";若记录峰值,选择保持最大值提示符"H MAX"。

（4）测量厚度。抬起测头,将被测件放入测头与测砧之间,读出指示值即为被测对象的厚度数值。

（5）电子数字式百分表在测杆静止不动约 5min 后,显示数字自动消隐。欲恢复显示,只要按动"mm/in"键或推动测杆即可。

（三）使用保养注意事项

（1）测厚百分表要轻拿轻放,不允许与工件、工具、杂物混放。

（2）测厚百分表是精密电子量具,特别注意不能让测厚百分表跌落,猛烈冲击会使测厚百分表损坏,导致仪表报废。

(3) 测量杆不涂油,若将油涂于测量杆上,油干枯后会导致测量阻滞,产生较大误差;测量杆应保持清洁,以防卡滞,可用绸布蘸丙酮酒精混合液擦拭。

(4) 不允许使测厚百分表测头来回往复空运转,以免使仪表过早磨损报废。

(5) 不允许拆卸表后盖,防止灰尘、潮气侵入,或使水、油等其他液体侵入表内,严禁把仪表侵入液体中。

(6) 不使用时,应让测量杆处于完全放松状态,避免内部零件长期处于受力状态而老化,影响精度。

(7) 当测厚百分表电池电压低于工作下限时,显示数字频频闪烁即需要更换电池;从电池盒(图1-74)中取出旧电池,更换新电池,注意电池正极必须向上安装,安装完毕,将表圈顺时针转动15mm即可使电池盒遮避,防止灰尘进入。

图1-74　电池盒位置

(8) 当按动各键不出现相应提示符、推动测杆不计数或更换电池后显示数字不正常时,取下电池,30s后重新装上,故障即可消失。

(9) 测厚百分表应放置在干燥、无磁性、无酸性、无震动的地方保存。

(10) 测厚百分表要按计量器具周期检定计划严格送检,检定合格后才能使用。

十八　千　分　表

（一）结构原理、规格、用途

1. 结构原理

千分表是将其测量杆的直线位移,通过机械传动系统转变为指针在表盘上的角度变化,从而进行读数的通用长度精密测量工具。

千分表由测头、测量杆、装夹套筒、表体(内置精密齿轮及游丝)、表盘以及制动器组成,如图 1-75 所示。

图 1-75　千分表的外观与结构

1—测头;2—测量杆;3—装夹套筒;
4—表体;5—表盘;6—制动器。

2. 常用规格

测量规格:0~1mm;0~2mm;0~3mm;0~5mm。

3. 主要用途

千分表用于测量制件的形位偏差或用作某些测量装置的指示表部分。

（二）使用方法

1. 检查外观

千分表的玻璃表蒙应透明,不应有气泡,不允许有破裂、脱落现象。

70

千分表的后盖封得严密,能防灰尘和其他液体进入。测杆、测头、装夹套筒不得有裂纹、锈蚀等影响使用的缺陷。刻线应清晰、均匀。

2. 检查各部分的相互作用

千分表的表圈转动应平稳;指针应牢固;测杆总行程应大于测量上限,移动应无阻碍、卡滞;表圈转动及指针转动平稳、可靠。

3. 调校"零"位

将千分表安装在表架上,调整好方向使千分表测杆垂直于工作台,将标准块放在工作台和测头之间,压缩千分表 10 个分度以上,夹紧千分表,使之有一定的起始测量力,保证在测量中既能读出正数又能读出负数,然后把表紧固夹住,再轻轻转动表盘使指针对准"零"刻度。

4. 测量方法

取下校"零"用的标准块,轻轻推入被测工件,眼睛垂直于千分表表盘读出测量数值,测量完成。

(三) 使用保养注意事项

(1) 千分表是精度非常高的量具,要轻拿轻放,避免磕碰。

(2) 千分表的测头表面粗糙度技术要求很高(钢测头 $R_a \leqslant 0.08\text{nm}$,硬质合金 $R_a \leqslant 0.16\text{mm}$,宝石 $R_a \leqslant 0.04\mu\text{m}$),所以不允许用千分表测量粗糙表面,以免损坏量仪。

(3) 避免千分表测头朝上测量,这会造成很大的示值误差。

(4) 测量杆不涂防锈油,若将防锈油涂于测量杆上,油干枯后会导致测量阻滞,产生较大误差。

(5) 不允许使千分表测头来回往复空运转,以免使仪表过早磨损报废。千分表要轻拿轻放,不允许与工件、工具、杂物混放。

(6) 不允许拆卸千分表的后盖,防止灰尘、潮气侵入,或使水、油等其他液体侵入表内,严禁把仪表侵入液体中。

(7) 不使用时,应让千分表的测杆处于完全放松状态,避免内部零件长期处于受力状态而老化,影响精度。

(8) 千分表应定置摆放,放置在干燥、无磁性、无酸性、无震动的地方保存。不允许与工具（榔头、钳子等）、刀具、零件等杂物混放，不允许与其他量具触碰、叠放。

（9）应按计量器具周期检定计划送检，检定合格后才能使用。

十九　内径千分表

（一）结构原理、规格、用途

1. 结构原理

内径千分表是将活动测头的直线位移通过机械传动转换成千分表指针的角位移，并由千分表读数的测量工具。

内径千分表由测头、表架、锁紧螺钉及千分表组成，如图1－76所示。

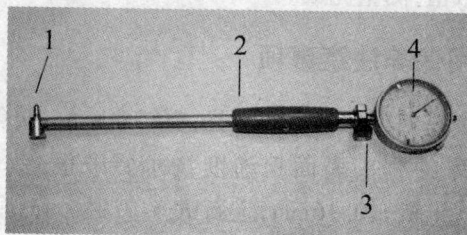

图1－76　内径千分表的外观及结构

1—测头；2—表架；3—锁紧螺钉；4—千分表。

2. 常用规格

测量规格：18mm～35mm；35mm～50mm；50mm～100mm；50mm～160mm；160mm～250mm；250mm～450mm。

3. 主要用途

内径千分表主要用于比较测量制件内径尺寸。

（二）使用方法

1. 检查外观

内径千分表的玻璃表蒙应透明，不允许有破裂、脱落。千分表的后盖应封盖严密,能防灰尘和其他液体进入。千分表刻线应清晰、均匀。

可换测头应标出测量范围,测头无磨损。

2. 检查各部分的相互作用

(1) 内径千分表活动测头和定位护桥移动应平稳、灵活,可换测头应更换方便。千分表的表圈转动应平稳;指针应牢固;测杆总行程应大于测量上限,移动应无阻碍、卡滞;表圈转动及指针转动平稳、可靠。

(2) 千分表的安装。把千分表插入表架轴孔中(图1-77),压缩约3/8圈(大指针指向第一个50分度)后将锁紧螺钉紧固。

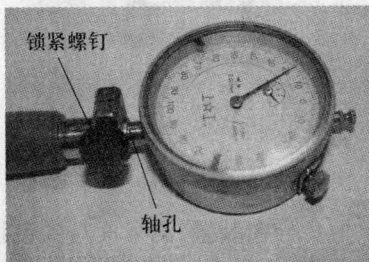

图1-77　千分表插入轴孔中

(3) 尺寸设定。根据被测工件参数尺寸选择可换测头、接杆及调整垫片,将其固定在主体上。可将被测工件的参数尺寸设定在活动的测头压缩半个有效行程的位置内。

3. 调校"零"位

零位调整有两种方法:

(1) 环规调零法:将内径千分表放入尺寸与被测工件名义尺寸相近的环规中,在环规的轴向平面内找出最小尺寸(即内径千分表的最大示值点),调整千分表的刻度盘使指针指零。

(2) 量块调零法:用量块组或外径千分尺(这种方法因精度低,一般情况不采用,在现场临时找不到校对环规和量块的情况下作为应急)调零,方法与百分表相同。

4. 测量内径

将内径千分表插入被测孔中,沿轴向前后摆动,找出轴向平面的最小尺寸,即为孔的实际尺寸。

(三) 使用保养注意事项

(1) 护桥(图 1 - 78)及两翼已检验并固定,更换或拆卸后需重新检验,以免影响中心精度。

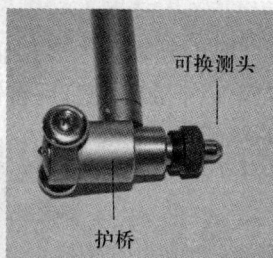

图 1 - 78　内径千分表护桥、测头

(2) 轻拿轻放,避免导向装置、测量面与尖锐物碰撞。

(3) 测头旋入时手感觉到紧即可,避免可换测头旋入过深影响正常测量。

(4) 测量完毕后,将测量面和配合处涂防锈油,并放入包装盒中。

(5) 不允许使千分表测头来回往复空运转,以免使仪表过早磨损报废。千分表要轻拿轻放,不允许与工件、工具、杂物混放。

(6) 不允许拆卸千分表的后盖,防止灰尘、潮气侵入,或使水、油等其他液体侵入表内,严禁把仪表侵入液体中。

(7) 不使用时,应让千分表的测杆处于完全放松状态,避免内部零件长期处于受力状态而老化,影响精度。

(8) 内径千分表应定置摆放,放置在干燥、无磁性、无酸性、无震动的地方保存。不允许与工具(榔头、钳子等)、刀具、零件等杂物混放,不允许与其他量具触碰、叠放。

（9）应按计量器具周期检定计划送检，检定合格后才能使用。

二十　扭簧比较仪

（一）结构原理、规格、用途

1. 结构原理

扭簧比较仪又称为扭簧表，是一种杠杆—扭簧丝传动，将测量头的直线往复运动转换为指针在表盘上的角位移而进行读数的长度测量仪器。

扭簧比较仪由测量头、装夹套筒、指针、表壳、刻度盘和调零器组成，如图 1 - 79 所示。

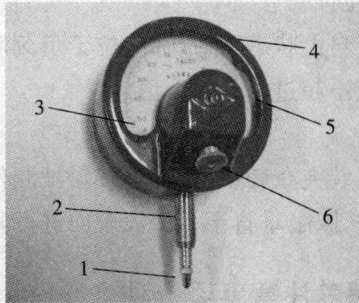

图 1 - 79　扭簧比较仪的外观与结构

1—测量头；2—装夹套筒；3—指针；

4—表壳；5—刻度盘；6—调零器。

2. 常用规格

由于扭簧表的传动链中没有摩擦，没有齿轮传动中无法回避的间隙，没有无效行程，它具有很高的精度和灵敏度。

规格：±10 分度、±30 分度、±50 分度、±60 分度、±100 分度。

分度值为 0.001mm ~ 0.0001mm；示值允许误差分别为 ±0.5μm、±0.3μm、±0.2μm、±0.1μm。

3. 主要用途

扭簧比较仪用比较测量法测量高精度制件的几何尺寸,也可用作其他测量装置的指示表。

(二) 使用方法

1. 检查外观

扭簧比较仪的玻璃表蒙应透明,不允许有破裂、脱落。扭簧表的后盖密封得严密,能防灰尘和其他液体进入。其刻度盘的刻线应清晰、均匀。

2. 检查各部分的相互作用

测量头移动应平稳、灵活,无卡滞。

3. 检查"零"位

扭簧比较仪在自由状态下,指针应位于负刻度的外侧;扭簧比较仪的示值稳定性应不超过 1/3 分度值。

4. 比较测量

将扭簧比较仪装夹在表架上,轻轻接触被测件表面,记住起始值后慢慢移动被测件,眼睛垂直于扭簧表表面进行读数。

(三) 维护保养注意事项

(1) 使用后,用干净棉布清洁扭簧比较仪。

(2) 轻拿轻放,切忌震动。特别注意该量仪更怕震动,不使用时,应取下套筒下端的滚花螺母,使指针位于表盘的左下方,以保持扭簧丝和指针不因受震动而损坏。

(3) 不允许拆卸扭簧表,防止灰尘、潮气侵入,或使水、油等其他液体侵入表内,严禁把量仪侵入液体中。

(4) 扭簧表应定置摆放,放置在干燥、无磁性、无酸性、无震动的地方保存。不允许与工具(榔头、钳子等)、刀具、零件等杂物混放,不允许与其他量具触碰、叠放。

（5）应按计量器具周期检定计划送检，检定合格后才能使用。

二十一　刀　口　尺

（一）结构原理、规格、用途

1. 结构原理

刀口尺是以测量面为标准直线的以光隙法检测直线度和平面度的量具。

刀口尺由测量面、尺身、隔热板组成，如图 1 - 80 所示。

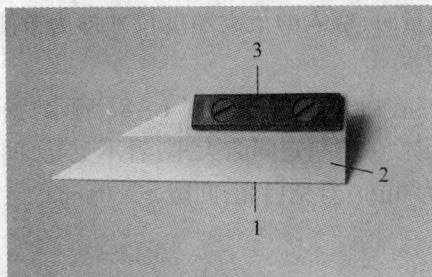

图 1 - 80　刀口尺的外观与结构
1—测量面;2—尺身;3—隔热板。

2. 常用规格

刀口尺规格:75mm、125mm、200mm、300mm、400mm、500mm。

精度等级:0 级和 1 级。

0 级和 1 级允许误差:规格 125mm 时,0 级为 ±0.5μm,1 级为 ±1.0μm;规格 200mm 时,0 级为 ±1.0μm,1 级为 ±2.0μm;规格 400mm 时,0 级为 ±1.5μm,1 级为 ±3.0μm;规格 500mm 时,0 级为 ±2.0μm,1 级为 ±4.0μm。

3. 主要用途

刀口尺主要用于检测直线度和平面度。

（二）使用方法

1. 检查外观

刀口尺的表面不允许有锈蚀、划痕、磕碰及明显磨损。

2. 测量方法

（1）用干净的棉纱将刀口尺和工件的测量面擦拭干净。

（2）检查工件被测量面应当无铁屑、毛刺等影响测量的缺陷。

（3）手握隔热板，将刀口尺测量面与工件被测量面紧密贴合。

（4）调整刀口尺使其测量面与被测工件面之间的最大缝隙为最小，用塞尺测量刀口尺测量面与工件被测量面间隙的大小。

当用塞尺测量时，塞入的最大厚度尺寸即为被测量面的平面度误差或直线度误差。

当用光隙法（在白光下进行，如图 1 - 81 所示）操作时，根据缝隙光呈现的色彩，定性估测判定间隙大小：看不见光，间隙 $\leqslant 0.5\mu m$；看见蓝色光，间隙为 $6\mu m$；看见白光，间隙 $\geqslant 0.01mm$。

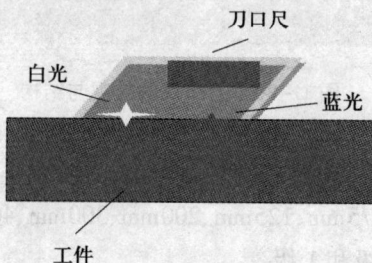

图 1 - 81　光隙法操作示意图

（5）若出现异常，无法判断，可采用刀口尺与量块组成标准光隙作为比较标准确认。

（三）使用保养注意事项

（1）使用完毕后，擦净刀口尺的测量面及尺身，薄薄地涂抹一层防锈油,放入量具盒内保存。

（2）使用时,不允许用手加压使用刀口尺,而应仅凭借刀口尺的自重接触被测量面,以免损坏刀口尺的测量刀口。

（3）当测量时,被测量面不允许太粗糙,否则不仅损坏刀口尺表面,而且不容易准确判定光隙的大小,一般要求被测量面粗糙度 $R_a \leqslant 0.1\mu m$。

（4）用刀口尺测量直线度或平面度,由于操作简便,适合生产现场使用,但是由于存在测量的熟练度和经验的差异,特别是采用光隙法时更是如此,所以测量的精度不高。若要求较高精度,可采用水平仪测量法等仪器测量法进行定量测量。

（5）应按计量器具周期检定计划送检,检定合格后才能使用。

二十二 框式水平仪

（一）结构原理、规格、用途

1. 结构原理

框式水平仪是利用液面水平恒定的原理以水准器直接显示角位移,测量相对于水平和铅垂位置微小倾斜角度的一种通用角度计量器具。

框式水平仪主要由水平仪主体、主副水准泡及调整机构等部分构成,如图 1-82 所示。

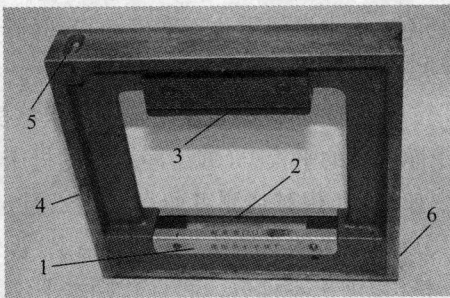

图 1-82 框式水平仪的外观与结构

1—盖板；2—主水准泡；3—绝热手柄；4—主体；5—副水准泡；6—调整机构。

框式水平仪主体工作面用作测量基面,水准器(泡)用于读数,调零机构用作调整水平仪零位。水准器(泡)管是一个密封的玻璃管,内壁研磨成一定的曲率半径。曲率半径决定水准器的精度:曲率半径越大,分辨率越高;曲率半径越小,分辨率越低。测量被测面时,当被测面不平时,水平仪即随之发生倾斜,水准器(泡)管内的气泡就向水平仪升高的一端移动。

2. 常用规格

常用规格:100mm × 100mm、200mm × 200mm、250mm × 250mm、300mm × 300mm。精度为 0.02mm/m ~ 0.05mm/m。分度值为 0.02mm/m、0.05mm/m、0.10mm/m。

3. 主要用途

框式水平仪主要用于检验各种机床和工件的平面度、平直度、垂直度及设备安装的水平性能等。

(二)使用方法

1. 检查外观

框式水平仪工作面上不应有砂眼、气孔、裂纹、划伤、碰痕、锈蚀等缺陷;水准泡清洁、透明;刻线应清晰、均匀、无脱色;水平仪的工作面应平直,不允许有凸形缺陷呈现。

2. "零"位检查

测量前,为避免由于水平仪零位不准确而引起的计量误差,因此在使用前必须对水平仪的零位误差进行检查和调整。

水平仪"零"位检查调整方法:将水平仪和平板擦拭干净,水平仪放在基础稳固、干净水平的平板上(或干净水平的机床导轨上),待指针稳定后,在一端如左端(相对观测者而言)读数,且定为零;再将水平仪调转180°,仍放在原来的平板上,待气泡稳定后,仍在原来一段(左端)读数为 α 格(以前次零读数为起点),则水平仪零位误差为 $\alpha/2$ 格。如果零位误差超过许可范围,则需调整水平仪零位调整机构(调整螺钉或螺母),使零位误差减少至许可值之内,调整后螺钉、螺母必须紧固。对于不允许调整的,螺钉、螺母不得随意拧动。

3. 测量方法

(1)测量读数。测量时,使水平仪工作面紧贴在被测表面,待气泡完全静止后方可读数,读出偏差值。

(2)计算倾斜值。框式水平仪所标出的分度值是以 1m 为基准长的倾斜高与底边的比值表示,如需测量长度为 L 的实际倾斜值则可通过下式进行计算:

实际倾斜值 = 分度值(mm/m)×测量长度 L ×偏差格数

例如,分度值为 0.02mm/m,L = 200mm,偏差格为 2 格,则:实际倾斜值 = (0.02/1000)×200×2 = 0.008(mm)。

(三)维护保养注意事项

(1)水平仪使用前,用无腐蚀性的汽油将工作面上的防锈油洗净,并用脱脂棉纱擦拭干净。

(2)温度变化会使测量产生误差,因此使用时必须与热源和风源隔绝。如使用环境温度与保存环境温度不同,则需在使用环境中将水平仪置于平板上稳定 2h 后方可使用。

(3)测量时,必须待气泡(图 1 - 83)完全静止后方可读数。

气泡

图 1 - 83　水平仪的气泡局部放大图

(4)水平仪使用完毕,必须将工作面擦拭干净,并涂以无水、无酸的防锈油,覆盖防潮纸装入盒中,置于清凉干燥处保管。

(5)应按计量器具周期检定计划送检,检定合格后才能使用。

二十三　直　角　尺

（一）结构原理、规格、用途

1. 结构原理

直角尺是检验或划线工作中常用的、外角 α 和内角 β 都为 90° 的角度检验量具。

直角尺通常用钢、铸铁或花岗石制成。按其结构形式可分为宽座直角尺（图 1-84 所示）、刀口形直角尺（图 1-85）、三角形直角尺、圆柱直角尺、矩形直角尺、铸铁直角尺、平行直角尺和线纹钢直角尺。

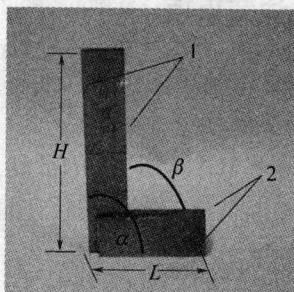

图 1-84　宽座直角尺

1—测量面；2—基面；H—外测量边；L—外基面边 ；α—外角；β—内角。

刀口

图 1-85　刀口直角尺

2. 常用规格

主要以常见的宽座直角尺为例,其基本规格见表1-7所列。

表1-7 宽座直角尺的基本尺寸 单位:mm

准确度等级		00级、0级、1级、2级							
基本尺寸	H	63	80	100	125	160	200	250	315
	L	40	50	63	80	100	125	160	200
	H	400	500	630	800	1000	1250	1600	—
	L	250	315	400	500	630	800	1000	—

3. 主要用途

直角尺主要用于检验工件的垂直度,或检测设备仪器、机床纵横向导轨的相互垂直度。

(二) 使用方法

使用规则:00级和0级直角尺一般用于检验精密量具;1级用于检验精密工件;2级用于检验一般工件。

1. 检查外观

直角尺不应有锈蚀、磁性、碰伤、裂纹、沙眼、毛刺等缺陷;铸铁角尺非工作面应清砂并涂漆;直角尺非工作面应有制造厂名或商标、CMC标记和出厂编号;不允许有影响测量准确度的外观缺陷。

2. 紧靠测量边

清洁工件棱边的毛刺,并将工件测量位置和直角尺擦干净,先将工件置于平板上,然后将直角尺的基面在平板上慢慢移动,使测量边紧靠工件的测量部位,减少测量误差。避免直角尺与被测件碰撞。

3. 测量直角

观察被测工件与直角尺测量面的光隙大小,用光隙法判断被测角相对于 90°的偏差,如图 1 – 86 所示。如果最大光隙在测量面顶端,说明被测角小于 90°;如果最大光隙在测量面的底端,说明被测角大于 90°;如果光隙均匀分布或无光通过,说明被测角等于 90°。

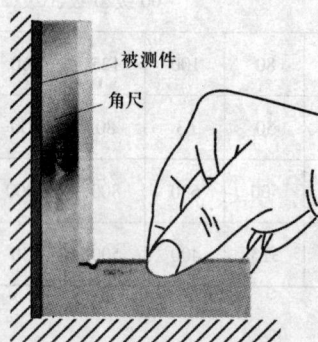

图 1 – 86　直角尺测量示例

4. 翻转再测

测量时,为求精确测量结果,可将直角尺翻转 180°再测量一次,取二次算术平均值为其测量结果,可消除直角尺本身的偏差。

5. 定量测量

若需要测量出数据,采用塞尺塞入间隙,刚好塞入的塞尺尺寸即为相对于 90°的偏差值;或者采用万能角度尺测出偏差角度值。

(三) 使用保养注意事项

(1) 测量中,直角尺应垂直于工件和平板安放,不应歪斜,以免出现测量误差。

(2) 搬动时,不许手提直角尺的长边,应一只手托短边,另一只手扶长边移动,以免直角尺变形出现误差。

(3) 直角尺应竖直安放,不能倒放或斜放。

(4) 直角尺使用完毕后应擦净,在钢铁直角尺的测量面和非测量面涂上防锈油。

(5) 应按计量器具周期检定计划送检,检定合格后才能使用。

二十四　万能角度尺

（一）结构原理、规格、用途

1. 结构原理

万能角度尺又称为角度规,是利用游标原理,对测量面相对移动所分隔的角度,进行读数的通用角度测量量具。

万能角度尺由直尺、基尺、制动头、游标、直角尺、主尺、卡块构成,如图1－87所示。

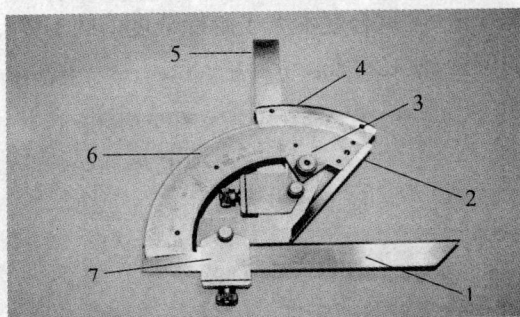

图1－87　万能角度尺的外观与结构
1—直尺;2—基尺;3—制动头;4—游标;
5—直角尺;6—主尺;7—卡块。

2. 常用规格

万能角度尺的游标分度值常见有2′和5′两种,测量范围0°～320°,测量内角40°～220°

示值允许误差:Ⅰ型±2′;Ⅱ型±5′。

3. 主要用途

万能角度尺主要用于测量工件的内、外角度。

（二）使用方法

1. 检查外观

测量前用干净软布将测量面擦净；万能角度尺刻度应清晰，镀铬表面应光亮无锈蚀、无缺损。

2. 检查各部位相互作用

不应有影响使用性能的缺陷；各移动零部件应灵活、平稳移动，无卡滞。

3. 检查"零"位

转动背面旋钮，使基尺测量面与直尺测量面相互紧贴不透光（图 1-88），检查游标尺零刻线与主尺的零刻线是否重合，如果不重合且偏差超出标准规定（不重合度不大于游标分度值的 1/2），应送修理，调整游标尺的位置，使之对齐。

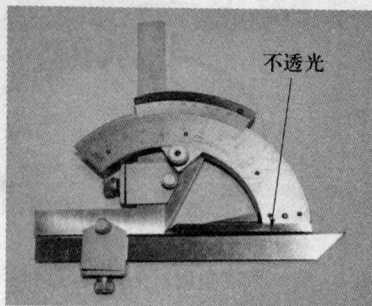

图 1-88 校对零位示意图

调整方法：松开游标背面的两个螺丝，移动游标尺，使它的零线与主尺的零线重合，它的尾线与主尺相应刻线也应重合，然后紧固螺丝，再校对零位。

4. 测量方法

（1）根据被测件的角度大小组装角度尺。组装后，转动直尺使两测量面与工件被测量面接触，拧紧制动头，读数，读数方法与一般游标量具相同。万能角度尺组合部件见表 1-8 所列。

表 1 - 8　万能角度尺组合部件

角度尺类型	分度值	测量范围	测量前需组合的部件
Ⅰ型	2′,5′	0° ~ 50°	基尺与直尺、直角尺
		50° ~ 140°	基尺与直尺
		140° ~ 230°	基尺与直角尺
		230° ~ 320°	基尺与扇形板
Ⅱ型	5′	0° ~ 360°	基尺与直尺

（2）测量 0° ~ 50°的角度,如图 1 - 89 所示。

图 1 - 89　测量 0° ~ 50°的角度

（3）测量 50° ~ 140°的角度,如图 1 - 90 所示。

图 1 - 90　测量 50° ~ 140°的角度

（4）测量 140° ~ 230°的角度,如图 1 - 91 所示。

（5）测量 230° ~ 320°的角度,如图 1 - 92 所示。

图 1 – 91　测量 140°～230°的角度

图 1 – 92　测量 230°～320°的角度

（三）使用保养注意事项

（1）使用前,擦净角度尺和工件。检查万能角度尺的测量面是否有锈迹或毛刺;活动件应灵活、平稳,能固定在规定的位置。

（2）将游标的零刻线对准主尺的零刻线,游标的尾线对准主尺相应刻线,再拧紧螺丝。操作时,先松开制动器上的螺母,移动主尺进行粗调整,然后转动游标背面的把手进行细调整,直至万能角度尺的两测量面与被测工件的表面紧密接触,最后拧紧制动器上的螺母并读数。

（3）测量完毕,松开紧固件,取下直尺、直角尺和卡块等,涂防锈油,装入专用盒内。

（4）角度尺测量完毕,若短时间内还要用,可将角度尺用绸布擦净,放入量具盒内。

（5）应按计量器具周期检定计划送检,检定合格后才能使用。

二十五　气动量仪

（一）结构原理、规格、用途

1. 结构原理

气动浮标式测量仪简称气动量仪,是一种将被测工件长度尺寸的变化转化成锥度玻璃管内浮标位置的变化,并由浮标指示出被测尺寸,从而实现尺寸的精密测量的量仪。

气动量仪由测头、量仪本体、锥度玻璃管、稳压器及调整旋钮等组成,如图1－93所示。

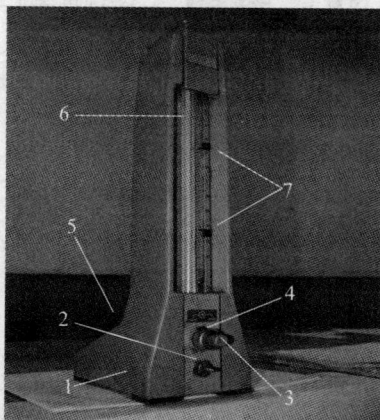

图1－93　气动量仪外观

1—量仪本体；2—气管接头；3—零位旋钮；4—放大倍率旋钮；

5—稳压器；6—锥度玻璃管；7—上、下限指针。

2. 常用规格

按其标称放大倍数,可分为 2000 倍、5000 倍、10000 倍等气动量仪;按其测量参数的多少,又分为单管、双管、三管等气动量仪。

示值精度:2000 倍的气动量仪,全范围内示值允许误差 ≤2.0μm,基准点内示值允许误差 ≤1.2μm;5000 倍的气动量仪,全范围内示值允许误差 ≤1.5μm,基准点内示值允许误差 ≤0.8μm;10000 倍的气动量仪,全范围内示值允许误差 ≤0.8μm,基准点内示值允许误差 ≤0.4μm。

3. 主要用途

气动量仪能够与各种卡规或塞规(图 1 - 94)等类型的气动测头配合使用,用于工件内径和外径尺寸的快速精确测量,特别适合大批量生产条件下的监测被加工零件的动态质量。

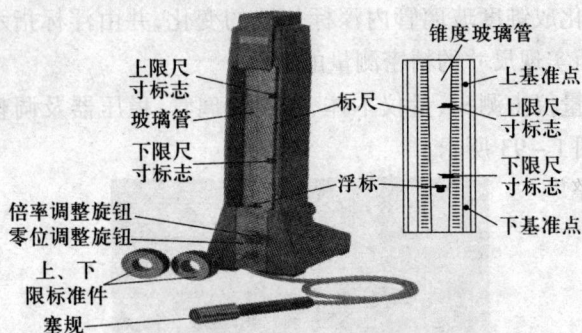

图 1 - 94   气动量仪及塞规测头

(二) 使用方法

1. 检查量仪进气质量和外观质量

(1) 检查量仪的进气排油、排水。检查空气滤清器(图 1 - 95)水、油是否排放干净,否则会使气动量仪指示用的浮子被粘住,量仪无法使用。

(2) 检查外观。气动量仪外表面不得有锈迹、碰伤、划伤等瑕疵,涂漆与镀层要均匀牢固,不应有剥落、褪色。刻度尺上的刻线、刻

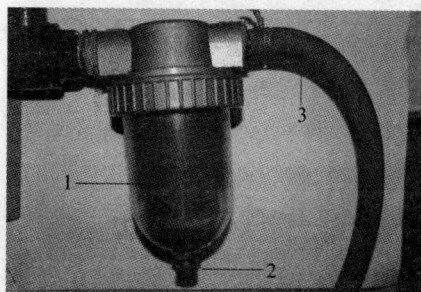

图 1 - 95　空气滤清器
1—过滤器;2—放水阀门;3—气管。

字应均匀、清晰,不得有目力可见的断线、斑点及等分不均等现象。

气动量仪应标明标称放大倍数、分度值、制造厂名或厂标、出厂编号。锥度玻璃管应清晰透明,不得有气泡、碎纹等影响外观及读数的缺陷。

2. 调整"零"位

(1)将气动测头插入上限校对环规(或校对柱),调整气动量仪"倍率调整旋钮"(图 1 - 96)使气动浮标对准上限尺寸指针。

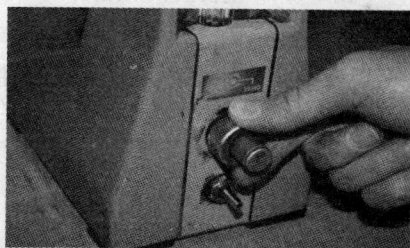

图 1 - 96　调倍率旋钮使浮标对准上限

(2)将气动测头插入下限校对环规(或校对柱),调整气动量仪"零位调整旋钮"(图 1 - 97)使气动浮标对准下限尺寸指针。

(3)重复以上两个步骤,使气动浮标稳定对准上、下限尺寸指针(图 1 - 98)后即可开始测量。

图 1-97　调零位旋钮使浮标对准下限

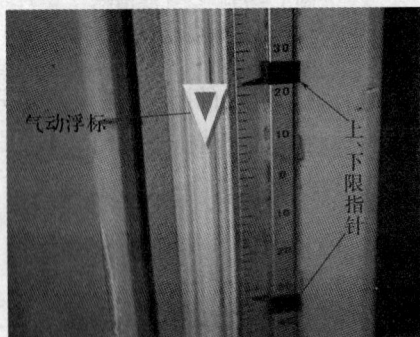

图 1-98　量仪上、下限指针

3. 测量尺寸

将气动测头（塞规或卡规）插入工件被测孔或轴中,待气动浮标稳定后读数。

（三）使用保养注意事项

（1）气动量仪使用之后,用干净软布将气动测头（塞规或卡规）擦净。将气动测头（塞规或卡规）以及上、下限校对规（或校对柱）均匀涂上一层防锈油（如凡士林加上变压器油的混合油或 30 号机油）。

（2）每天上下班前均应将空气过滤器下部的排水阀门（图 1-99）打开,把积存的水排放掉,然后再关闭阀门。需要上班一次和下班一次排除压缩空气中的油和水,原因是压缩空气中含有较多的水和油,若不排掉,将使气动量仪浮标粘住不能上下移动,使仪器无法正常工作。

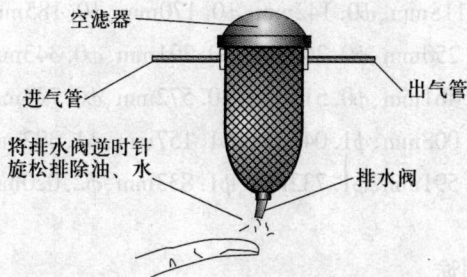

图1-99 空气过滤器放水示意图

(3)压缩空气的压力一般应保持为0.29MPa~0.69MPa,最大努力减少压缩空气中的水、油杂质。

(4)应按计量器具周期检定计划送检,检定合格后才能使用。

二十六 三 针

(一)结构原理,规格、用途

1. 结构原理

三针主要是由标称直径相同的三根针组成一组的圆柱形钢质量具,如图1-100所示。

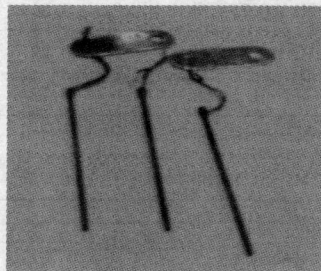

图1-100 三针的外形

2. 常用规格

三针通常成组使用,三根直径相同的三针为一组。三针的标称直径规格:ϕ0. 118mm、ϕ0. 142mm、ϕ0. 170mm、ϕ0. 185mm、ϕ0. 201mm、ϕ0. 232mm、ϕ0. 250mm、ϕ0. 260mm、ϕ0. 291mm、ϕ0. 343mm、ϕ0. 402mm、ϕ0. 433mm、ϕ0. 461mm、ϕ0. 511mm、ϕ0. 572mm、ϕ0. 724mm、ϕ0. 796mm、ϕ0. 866mm、ϕ1. 008mm、ϕ1. 047mm、ϕ1. 157mm、ϕ1. 302mm、ϕ1. 441mm、ϕ1. 553mm、ϕ1. 591mm、ϕ1. 732mm、ϕ1. 833mm、ϕ2. 020mm、ϕ2. 050mm、ϕ2. 970mm 等。

3. 主要用途

三针主要用于测量外螺纹中径。

(二) 使用方法(间接测量法)

1. 检查外观

三针的工作面应无凹痕、锈蚀和划痕。三针的号牌上应标有标称直径、准确度等级和厂标。

2. 测量中径

(1) 配用量针。根据被测量螺纹的参数查图纸或根据技术人员编制的作业文件查配量针。技术人员也可查阅螺纹量规检验手册配用三针,例如,三针测不同螺纹塞规的选配见表 1 - 9 所列。

表 1 - 9　三针测不同螺纹塞规选配

三针直径/mm	公制螺纹塞规	三针直径/mm	公制螺纹塞规
0. 118	M1 × 0. 25 - 6h	0. 866	M11 × 1. 5 - 6h
0. 142	M2 × 0. 25 - 6h	0. 291	M12 × 0. 5 - 6h
0. 291	M3 × 0. 5 - 6h	0. 724	M12 × 1. 25 - 6h
0. 291	M4 × 0. 5 - 6h	0. 724	M13 × 0. 5 - 6h
0. 291	M5 × 0. 5 - 6h	0. 724	M14 × 1. 25 - 6h
0. 572	M6 × 1. 0 - 6h	0. 866	M14 × 1. 5 - 6h
0. 291	M7 × 0. 5 - 6h	0. 866	M15 × 1. 5 - 6h
0. 572	M8 × 1. 0 - 6h	0. 291	M16 × 0. 5 - 6h

（续）

三针直径/mm	公制螺纹塞规	三针直径/mm	公制螺纹塞规
0.724	M8 × 1.25 − 6h	0.572	M17 × 1.0 − 6h
0.291	M9 × 0.5 − 6h	0.866	M17 × 1.5 − 6h
0.724	M10 × 1.25 − 6h	0.572	M18 × 1.0 − 6h
0.866	M10 × 1.5 − 6h	0.866	M18 × 1.5 − 6h

（2）将三针放在被测量螺纹牙槽内,然后用外径千分尺或测长仪(图1−101)测出 m 值(即三针测量时的测量值)。

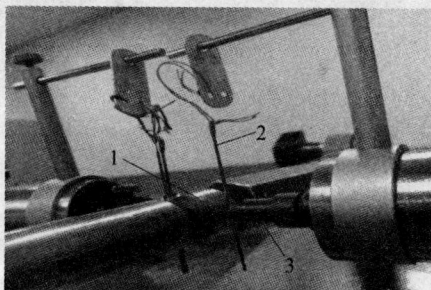

图1−101 三针使用示意图

1—螺纹塞规;2—三针;3—测长仪测头。

（3）根据 m 值和螺距计算出被测量的普通螺纹(60°牙型角)中径尺寸,计算公式如下:

$$d = m - 3d_m - 2/8P + 0.866P$$

式中:m 为三针测量时两针顶母线与测量面接触的最大距离,即两针测量时的测量值;P 为被测螺纹的螺距;d_m 为选用三针的直径。

（三）使用保养注意事项

（1）测量完毕,将三针擦净放入盒内保存。

（2）不许混放,以免被压变形。

（3）若不用时,应涂上防锈油。

（4）应按计量器具周期检定计划送检,检定合格后才能使用。

二十七 半 径 样 板

（一）结构原理、规格、用途

1. 结构原理

半径样板是一种具有不同半径的标准圆弧薄片。成组的半径样板由凸形半径样板和凹形半径样板组成，如图 1-102 所示。

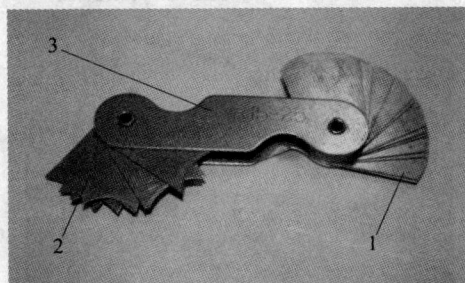

图 1-102 半径样板的外观结构

1—凸形半径样板；2—凹形半径样板；3—夹板。

2. 常用规格

常见半径样板的规格有 8、16、30、32、34 片组；半径范围：1mm ~ 6.5mm、7mm ~ 14.5mm、15mm ~ 25mm。

半径允许偏差：半径 1mm ~ 3mm，为 ±0.020mm；半径 3mm ~ 6mm，为 ±0.024mm；半径 6mm ~ 10mm，为 ±0.029mm；半径 10mm ~ 18mm，为 ±0.035mm；半径 18mm ~ 25mm，为 ±0.042mm。

3. 主要用途

半径样板主要是用于以（光隙法）比较法检验工件圆弧曲面的半径。

（二）使用方法

1. 检查外观

半径样板的工作面应平整，无凹凸、弯曲现象，样板不应有锈蚀和划痕。样板上应标有标称半径尺寸和厂标。

2. 检查相互作用

样板与夹板的连接应能使样板绕轴心平滑转动,不应有卡住和松动现象,需要时并能拆开。

3. 测量半径

(1)检查工件被测量面应无毛刺、铁屑、锈蚀、污垢等影响测量的缺陷。

(2)估计被测量工件的半径大小,选择合适的半径样板 R 片。

(3)用干净布或棉纱将样板和被测工件测量面擦净,将样板测量靠在被测工件被测量面上。

(4)根据样板测量面与工件测量面间形成的光隙,判断样板与被测半径曲面的吻合程度,选择完全吻合的样板 R 片进行测量。

(5)当样板尺寸工作面与工件被测量面间完全吻合无光隙时(图 1 - 103),该样板尺寸的半径即为被测工件被测量曲面的半径。测试时有以下几种情况:

① 样板尺寸测量面与工件被测量面间完全吻合,无光隙时,样板尺寸半径等于被测量面半径,如图 1 - 103 所示。

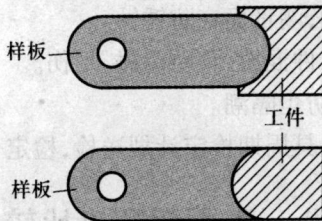

图 1 - 103 样板与工件完全吻合

② 样板尺寸测量面与工件被测量面未吻合,出现图 1 - 104 所示光隙时,工件被测凹凸形面半径小于样板半径。

③ 样板尺寸测量面与工件被测量面间未吻合,出现如图 1 - 105 所示光隙时,工件被测凹凸形面半径大于样板半径。

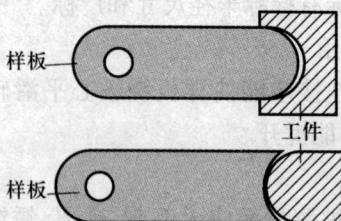

图 1 – 104　被测凹凸面小于样板面

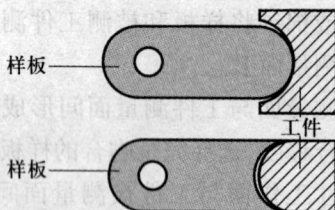

图 1 – 105　被测半径大于样板半径

（三）使用保养注意事项

（1）使用完毕,擦净样板。

（2）涂上防锈油,测量面应防锈蚀。

（3）不允许与工件混放,预防磕碰、划伤。

（4）定置摆放,防尘隔潮。

（5）应按计量器具周期检定计划送检,检定合格后才能使用。

二十八　表面粗糙度比较样块

（一）结构原理、规格、用途

1. 结构原理

表面粗糙度比较样块采用 45 优质碳素结构钢制成,其中研磨样块用 GG15 材料,是以比较法来检查机械零件加工后表面粗糙度的一种工作量具,如图 1 – 106 所示。

图 1－106　表面粗糙度比较样块

1—样块座板;2—样块;3—R_a 值。

2. 常用规格

国产表面粗糙度比较样块常见规格分为 7 组样块(车床样块、刨床样块、立铣样块、平铣样块、平磨样块、外磨样块、研磨样块)、6 组样块(车床样块、刨床样块、立铣样块、平铣样块、平磨样块、外磨样块)、单组样块形式(车床样块、铣床样块、立铣样块、平磨样块、外磨样块、研磨样块)。

表面粗糙度比较样块分类及公称值见表 1－10。

表 1－10　表面粗糙度比较样块分类及公称值　　单位:μm

制造方法	车床	刨床	立铣	平铣	平磨	外磨	研磨
表面粗糙度样块公称值 R_a							0.025
							0.05
					0.1	0.1	0.1
					0.2	0.2	
					0.4	0.4	
	0.8	0.8	0.8	0.8	0.8	0.8	
	0.8	1.6	1.6	1.6			
	3.2	3.2	3.2	3.2			
	6.3	6.3	6.3	6.3			

3. 主要用途

主要用于检查制件表面的粗糙度。

(二)使用方法

1. 检查外观

表面粗糙度比较样块表面应无锈蚀、划伤、缺损及明显磨耗。被测表面也应无铁屑、毛刺和油污。

2. 比较测量方法

(1)样板工作面及被测工作面的表面粗糙度用表面轮廓算术平均偏差 R_a 参数来评定。

(2)样块与被测件同置一处。比较样块在比较检验时,被测零部件与比较样块应处于同样的检测条件下,如照明亮度一致,将比较样块与被测部件置于一处;否则,将会有偏差。

(3)表面粗糙度判断的准则。根据制件加工痕迹的深浅,决定表面粗糙度是否符合图纸(或工艺要求)。当被检制件的加工痕迹深浅不超过样块工作面加工痕迹深度时,被检制件的表面粗糙度一般不超过样块的标称值。

(4)评定粗糙度方法。以粗糙度样块工作面的表面粗糙度为标准,凭触觉(如指甲)、视觉(可借助放大镜、比较显微镜)与被检工件表面进行比较,被检工件表面加工痕迹的粗糙度与对应痕迹比较相近的一块比较样块的粗糙度一致,即该样块的粗糙度值就是被检工件的粗糙度值。

当采用放大镜观察时(适用 R_a 为 $0.8\mu m \sim 1.6\mu m$),可采用 5 ~ 10 倍数的放大镜。日本有的企业在生产线上安置了 5 倍 ~ 10 倍的放大镜,既可检查表面粗糙度,又可观察裂纹等缺陷。

(5)目视一般适合检查制件表面粗糙度 R_a 为 $3.2\mu m \sim 12.5\mu m$ 的制件。对表面粗糙度 R_a 为 $0.1\mu m \sim 0.4\mu m$ 的制件,采用便携式粗糙度仪器定量测量较为准确。

（三）使用保养注意事项

（1）使用后或用手直接接触比较样块后,用干净棉布擦净手指汗渍,涂防锈油。

（2）粗糙度样块应防潮,锈蚀后无法修复;同时,防止划伤。

（3）粗糙度样块应定置摆放于无酸性、无碱性气氛的地方保存。不允许与工具(榔头、钳子等)、刀具、零件等杂物混放,不允许与其他量具触碰、叠放。

（4）应按计量器具周期检定计划送检,检定合格后才能使用。

二十九　塞　尺

（一）结构原理、规格、用途

1. 结构原理

塞尺是一种检验间隙用的薄片式量具,适用于测量两个表面之间隙的大小的一种量具。

塞尺由护夹板、尺片及固定销轴组成,如图 1 - 107 所示。

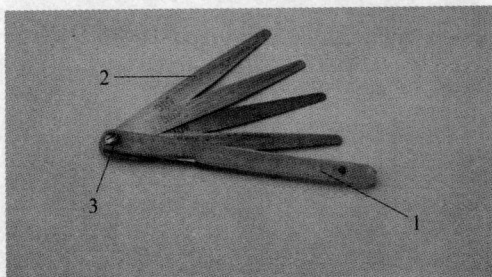

图 1 - 107　塞尺的外观及结构
1—护夹板;2—尺片;3—固定销轴。

2. 常用规格

常用塞尺的测量规格为 0.02mm ~ 1mm。

塞尺由若干不同厚度的薄片组成一组,叠合在护夹板内。每个薄片有两个相互平行的测量平面,其尺片厚度的精度很高。例如,0.1mm~0.3mm塞尺,其厚度偏差为±0.008mm,塞尺弯曲度等于或小于0.006mm,硬度要求为360HV~600HV(载荷0.1kg/(0.02~0.15)mm)。

3. 主要用途

塞尺主要用于检验制件的间隙尺寸。

(二) 使用方法

1. 检查外观

塞尺应无锈蚀、划伤、缺损及明显磨耗。被测表面无铁屑、毛刺。

2. 检查相互作用

塞尺与护夹板的连接应可靠,塞尺绕连接件转动应灵活,不得有松动和卡滞现象。

3. 测量方法

(1)擦净塞尺尺片。

(2)估测被测间隙大小,选择合适的尺片插入被测间隙内,若仍有空隙,则选用较厚的一片插入,直至试测到恰好能塞进去(图1-108),松紧适当时,累计插入尺片的尺寸即为被测间隙尺寸。

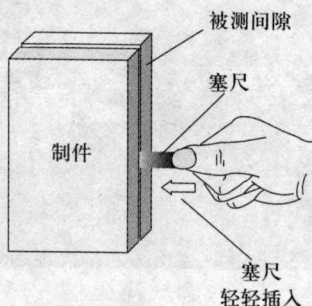

图 1-108 塞尺检测示意图

(3)若无相应合适厚度的尺片,也可组合若干尺片相叠使用,被测间隙即为各片塞尺尺寸之和。由于组合使用塞尺将产生较大误差,所以组合尺片越少越好,最好不超过 3 片。

(三) 使用保养注意事项

(1) 测量时用力不宜过猛,以免将塞尺折弯变形或断裂。

(2) 不允许用塞尺去测量温度高的零部件。

(3) 使用完毕,擦净测量片,擦尺片时要顺着尺片擦,不允许逆擦,以防折断。

(4) 塞尺应定置摆放于无酸性、无碱性气氛的地方保存。不允许与工具(榔头、钳子等)、刀具、零件等杂物混放,不允许与其他量具触碰、叠放。

(5) 应按计量器具周期检定计划送检,检定合格后才能使用。

三十　尖形塞尺

(一) 结构原理、规格、用途

1. 结构原理

尖形塞尺又称斜劈式塞尺,是一种检验间隙用的尖形量具。这种尖形塞尺属于特种塞尺的范畴,尺身细长。它由尺身、刻度标尺和尺柄组成,如图 1 - 109 所示。

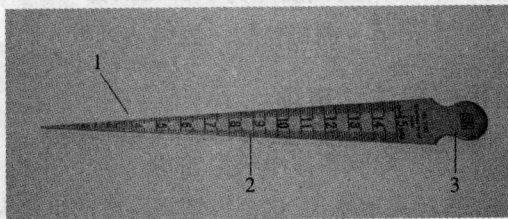

图 1 - 109　尖形塞尺的外观及结构
1—尺身;2—刻度标尺;3—尺柄。

2. 常用规格

常用测量规格为 1mm ~ 15mm,最小分度值为 0.1mm。

特点是可以迅速测量间隙,直接读数,不需像用片状塞尺测较宽间隙时必须一片一片地重叠使用,很适合生产现场快速测量用,如车门间隙测量等。

3. 主要用途

尖形塞尺主要用于检验制件的间隙尺寸。

(二) 使用方法

1. 检查外观

尖形塞尺应无锈蚀、划伤、缺损及明显磨耗。被测表面应无铁屑、毛刺。

2. 测量方法

(1) 用大拇指与无名指捏住尺柄。

(2) 将尖形塞尺轻轻插入待测零部件或总成的间隙,使塞尺尺身与间隙两边稍微用力贴紧。

(3) 平行目视,当零部件或总成间隙两外表面相向延长线与尖形塞尺露出刻线成水平线连接时,读出尖形塞尺的该点数据。

(4) 读出的该点数据即为制件间隙宽的尺寸。

(5) 若当零部件或总成间隙两外表面相向延长线与尖形塞尺露出刻线成水平线连接时,尖形塞尺露出点没有刻度,可估读该点尺寸,每一刻度为 0.1mm,1/2 刻度即为 0.05mm,即

$$测得值 = 测得整数 + 测得估读数$$

(三) 使用保养注意事项

(1) 使用后,用干净软布擦净灰尘、油垢。

(2) 不允许折弯尖形塞尺,这会损坏塞尺或产生很大误差。

(3) 不得用力过猛将尖形塞尺插入零部件或总成缝隙,以免塞尺损坏工作面,造成较大误差。

(4) 用后定置摆放,不能与工具、刀具混放,不能与量具叠放。

(5) 应按计量器具周期检定计划送检,检定合格后才能使用。

三十一　光面塞规

(一) 结构原理、规格、用途

1. 结构原理

光面塞规也称光滑极限量规,简称塞规,是一种控制工件极限尺寸的定值量具。

光面塞规由通规、止规、手柄组成,如图 1－110 所示。

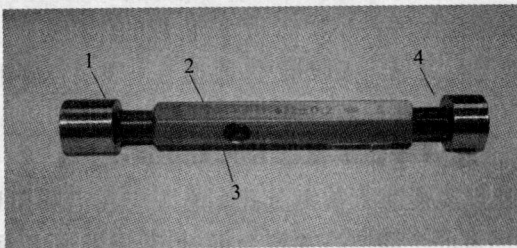

图 1－110　光面塞规的外观及结构
1—通规;2—手柄;3—拆卸孔;4—止规。

2. 常用规格

光面塞规分为通规(也称 T 规)和止规(也称 Z 规),光面塞规属于专用量具,其具体尺寸规格根据使用标准要求确定。常用规格:
1mm ~ 3mm;4mm ~ 6mm;7mm ~ 10mm;11mm ~ 18mm;19mm ~ 30mm;31mm ~ 50mm;51mm ~ 80mm;81mm ~ 120mm;121mm ~ 180mm;181mm ~ 250mm;251mm ~ 315mm;316mm ~ 400mm;401mm ~ 500mm。

3. 主要用途

光面塞规是光滑极限量规(全型、非全型塞规,卡规、环规)中的一种,是没有刻度的定尺寸的专用量具,适用于在大批量生产中检验公差等级为 IT6 ~ IT16 的制件的孔。

（二）使用方法

1. 检查外观

光面塞规应无锈蚀、划伤、缺损及明显磨耗。被测表面应无铁屑、毛刺。

2. 测量方法

（1）通、止规极限尺寸。光面塞规是检验光滑孔用的极限量规，它的通规测量面的尺寸是按被检测孔的最大实体尺寸来设计的，它的作用是防止被检测孔的实际尺寸小于孔的最小极限尺寸，止规的尺寸等于被检验孔用的最小实际尺寸，止规的作用是防止被检验孔的实际尺寸大于孔的最大极限尺寸，通规与止规联合使用，可以判定被检验孔的直径是否在规定的极限尺寸范围内。

（2）塞规的具体操作步骤：

① 手持通规慢慢插入被测量孔。通规应在沿圆周均匀分布的 2 个 ~3 个轴向截面全部通过才算合格；然后慢慢退出通规，进行止规测试。

② 手持止规慢慢插入被测量孔。测量止规检验孔时，止规应从被检验孔的两头进行检验，止规不能通过，则合格。

③ 将通规插入孔时不得倾斜（图 1 - 111），而应当顺着孔的中心线插入孔内，否则易发生测量误差，也有可能将塞规卡住，拔塞规时，也应顺着孔的中心线。

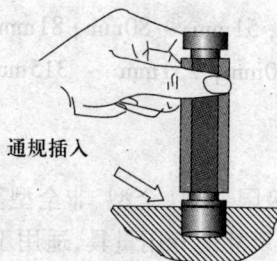

图 1 - 111　塞规插入示意图

④ 通规插入孔后,不要转动通规,以防止不必要的磨损。

⑤ 刚加工完的孔不能马上用塞规插入,首先是测量不准确,其次由于热胀冷缩,使得插入塞规咬在孔内,难以拔出。一旦塞规拔不出,不要使用普通榔头敲打、撞、摔、拧塞规,而应用木榔头轻轻敲打,最好用钳工拆卸工具拔出,并用铜皮或木片垫在塞规的端面,然后用力将塞规拔出。若仍不行,可把被拉件稍稍加热,再把塞规拔出。

(三) 维护保养注意事项

(1) 塞规是一种精密测量器具,使用塞规过程中要与工件多次接触,保持塞规的精度及提高检验结果的可靠性,与操作者的关系很大,因此必须合理正确地使用塞规。使用前,先要核对图纸,看这个塞规是不是与要求的检验尺寸和公差相符,以免发生差错,造成大批废品。

(2) 光面塞规使用前,用清洁的细棉纱或软布把塞规的工作表面擦干净,允许在工作表面上涂一层薄油,以减少磨损。

(3) 用光面塞规检验工件时,要轻卡轻塞,不可硬卡、硬塞。同时,用塞规检验时,位置必须放正,不能歪斜,否则检验结果不可靠。特别注意,当被检工件与塞规温度一致时才能进行检验,而不能把刚加工完还在发热的工件进行检验,否则会造成较大误差,导致误判。

(4) 使用后,应将防锈油涂于通规、止规工作面(图 1 - 112),进行防锈。

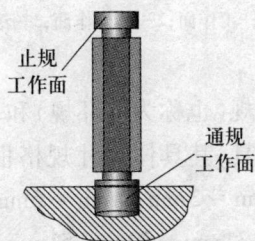

图 1 - 112　通规与塞规工作面

（5）光面塞规要轻拿轻放，严防磕碰工作面。塞规放置地点要防振动、防滑落或滑入深沟遗失。

（6）光面塞规应定置摆放于无酸性、无碱性气氛的地方保存。不允许与工具（榔头、钳子等）、刀具、零件等杂物混放，不允许与其他量具触碰、叠放。

（7）光面塞规必须严格按计量器具周期检定计划按时送检，检定合格后才能使用。

三十二　光面环规

（一）结构原理，规格、用途

1. 结构原理

光面环规也称光滑极限量规、环规，是一种控制工件极限尺寸的高准确度定值量具。

它由工作面、非工作面和滚花部组成，如图 1 – 113 所示。

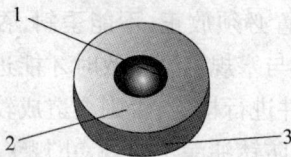

图 1 – 113　光面环规的外观及结构

1—工作面;2—非工作面;3—滚花部。

2. 常用规格

光面环规分为 T 规（也称为通环规）和 Z 规（也称止环规）环规。光面环规属于专用量具，其具体尺寸规格根据使用工艺和标准要求确定。常用规格:1mm ~ 3mm;4mm ~ 6mm;7mm ~ 10mm;11mm ~ 18mm;19mm ~ 30mm;31mm ~ 50mm;51mm ~ 80mm;81mm ~ 120mm;121mm ~ 180mm;181mm ~ 250mm;251mm ~ 315mm;316mm ~ 400mm;401mm ~ 500mm 等。

3. 主要用途

光面环规主要用于检验圆柱形工件的直径尺寸。若是校对光面环规则用于校验内径表、气动量仪、内测千分尺等量具或仪器的"零"位,如图 1-114 所示。

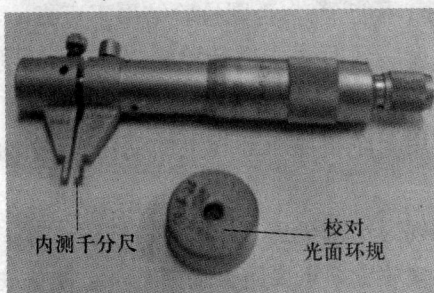

图 1-114 内测千分尺与校对环规

(二) 使用方法

1. 检查外观

光面环规应无锈蚀、划伤、缺损及明显磨耗。被测表面应无铁屑、毛刺。

2. 测量方法

(1) 使用前,用干净的棉布擦净被测圆柱形工件的表面,清除铁屑、杂物、灰尘。

(2) 手持环规沿圆柱形工件的轴心线方向平稳"套入",移动平稳进入,不允许转动。

(3) 检验时,若 T 环规能通过,Z 环规不能通过,则被检验圆柱工件的尺寸合格;否则,为不合格。

(4) 使用校对环规时,主要把校对环规的尺寸作为被校量具的零位,校验并使被校量具零位准确。

(三) 使用保养注意事项

(1) 使用前,先要核对图纸,看这个环规是不是与要求的检验尺寸和公差相符,以免发生差错,造成大批废品。

（2）环规使用前,要用清洁的细棉纱或软布,把环规的工作表面擦干净,允许在工作表面上涂一层薄油,以减少磨损。

（3）用光面环规检验工件时,要轻卡、轻塞。同时,用环规检验时,位置必须放正,不能歪斜,否则检验结果不可靠。特别注意,当被检工件与环规温度一致时才能进行检验,而不能把刚加工完还在发热的工件进行检验,否则会造成较大误差,导致误判。

（4）使用后用干净布擦净环规上的油污,在光面环规的测量面涂上防锈油。

（5）光面环规为精密量具,轻拿轻放,严防磕碰工作面。

（6）光面环规放置地点要防振动、防滑落、防碰伤工作面或滑入深沟遗失。

（7）光面环规应定置摆放于无酸性、无碱性气氛的地方保存。不允许与工具（榔头、钳子等）、刀具、零件等杂物混放,不允许与其他量具触碰、叠放。

（8）光面环规必须严格按计量器具周期检定计划按时送检,检定合格后才能使用。

三十三 螺纹量规（塞规、环规）

（一）结构原理、规格、用途

1. 结构原理

螺纹量规指螺纹塞规和螺纹环规（图1-115）,螺纹塞规和螺纹环规都是用来检查螺纹工件的专用螺纹量规。

2. 常用规格

按结构可分为螺纹塞规和螺纹环规。分别有通端螺纹塞规和止端螺纹塞规,以及通端螺纹环规和止端螺纹环规。螺纹量规属于专用量具,其具体尺寸规格根据使用标准要求确定。

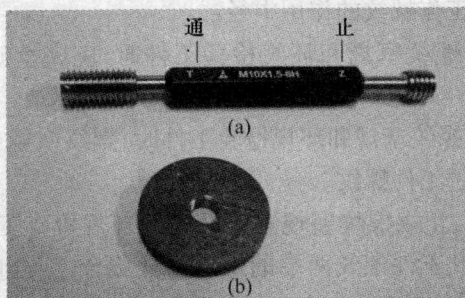

图1-115 螺纹塞规和螺纹环规

(a)螺纹塞规;(b)螺纹环规。

3. 主要用途

螺纹量规主要用来检查螺纹工件的螺纹孔或螺栓的中径质量。

(二) 使用方法

1. 检查外观

螺纹量规的工作螺纹部位应无锈蚀、划伤及螺纹缺损等影响使用性能的缺陷。其他表面不应有锈蚀和裂纹。螺纹塞规的测头和手柄连接应牢固可靠,在使用过程中不应松动脱落。螺纹非工作面上应有螺纹代号、中径公差带代号及制造厂商标、出厂年月。对于公称直径小于14mm的螺纹塞规,应在手柄上标有螺纹代号和中径公差。

被测螺纹表面应无铁屑、毛刺。

2. 测量方法

(1) 使用前,用干净的棉布擦净被测工件的表面,清除铁屑、杂物、灰尘。

(2) 检验螺纹小径和大径。

① 检查内螺纹小径:用通端螺纹塞规,应通过内螺纹小径;用止端螺纹塞规,不能通过内螺纹小径。

② 检查外螺纹大径:用通端螺纹环规,应通过外螺纹大径;用止端螺纹环规,不应通过外螺纹大径。

（3）检验工作螺纹的作用中径：

① 当通端螺纹塞规和环规检验工件时，应完全旋合通过工件螺纹。

② 当止端螺纹塞规和环规检验工件时，螺纹塞规或螺纹环规不能完全旋合通过工件螺纹。

③ 操作时，止端螺纹塞规和止端螺纹环规检查工件螺纹中径，允许与工件螺纹工件螺纹两端的螺纹部分旋合，旋合量应不超过两个螺纹（即不超过 2 牙）。对于三个或少于三个螺距的工具螺纹，应不完全旋合通过，未完全旋合通过，判为合格。

（三）使用保养注意事项

（1）使用前，应清除掉工件检验部分铁屑，防止划伤螺纹塞规或螺纹环规牙面。使用后用干净布擦净螺纹量规上的油污，在量规的测量面涂上防锈油。

（2）螺纹量规为精密量具，轻拿轻放，严防磕碰工作面。

（3）螺纹量规放置地点要防振动、防滑落、防碰伤工作面或滑入深沟遗失。

（4）螺纹量规应定置摆放于无酸性、无碱性气氛的地方保存。不允许与工具（榔头、钳子等）、刀具、零件等杂物混放，不允许与其他量具触碰、叠放。

（5）螺纹量规必须严格按计量器具周期检定计划按时送检，检验合格后才能使用。

三十四　卡　　规

（一）结构原理、规格、用途

1. 结构原理

卡规俗称卡板，是没有刻度的专用量具，属于光滑极限轴用量规的一种。测量原理是：如果卡规的通端能通过工件，而止端不能通过工件,则表示工件合格;如果卡规的通端能通过工件,而止端也能通过工件,则表示工件尺寸太小,已成废品;如果通端和止端都不能通过工件,则表示工件尺寸太大,不合格,必须返工。卡规结构如图1－116所示。

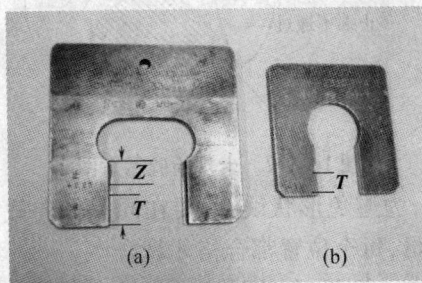

图 1－116　卡规的外观及结构
(a)通规;(b)止规。

2. 常用规格

常用单头双极限卡规属于专用量具,规格为 5mm～500mm,其具体尺寸规格应根据使用标准要求而定。

3. 主要用途

卡规用于检验光滑圆柱、轴等制件的长度尺寸。

(二) 使用方法

1. 检查外观

卡规应无锈蚀、划伤、缺损及明显磨耗。被测表面应无铁屑、毛刺。

2. 测量方法

(1) 使用规则:对工件的检查,若卡规的通规通过,止规不能通过(图1－117),则被检验轴的直径尺寸合格。不符合这一原则的,被检验轴的直径尺寸不合格。

(2) 测量时,卡规的测量面应平行于被测件的轴心线,不能歪斜,以免误判。

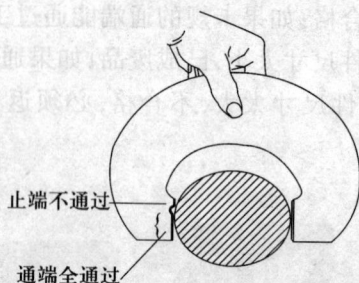

止端不通过

通端全通过

图 1 – 117　卡规检验示意图

（3）测量时，为避免形状误差，要在同一径向截面内，不少于四个位置上进行测量，每个位置都合格才算合格。

（4）测力控制。测量时，当被测件的轴心线处于水平状态，以及卡规的基本尺寸等于或小于100mm，且当卡规自上垂直往下卡时，其测量力等于卡规的自重；卡规的基本尺寸大于 100mm 时，一般在卡规上标出为平衡部分自重所需施加作用力的位置，测量时，应用手提有标记的位置，以减少卡规的部分自重，尽量做到测量力等于零的要求。为了减少摩擦，可以在测量面上涂一层薄薄的黏度低的油。

（三）使用保养注意事项

（1）使用卡规的通端检验工件时，尽可能从轴的上方往下的方向来检验。用手拿住卡规，使卡规垂直于被测轴的轴线，不加压力，凭卡规自重，从轴的外圆上方轻轻滑下去。

从水平方向检验时，把卡规通端轻轻地从轴上滑过去。切不可把卡规使劲地往轴上卡去，这样会使两个卡爪往外弹开发生变形，把超出最大极限尺寸的轴误判合格；而且卡规的工作表面要受到不必要的磨损；甚至因用力过猛，使卡规产生永久变形而不能使用。

（2）不论使用卡规的通端还是止端，都必须使卡规垂直于被检工件轴线，不可歪斜，否则检验结果不准确。特别是高精度或大尺寸的工件更要注意，位置稍有歪斜，检验结果就会有很大出入。

（3）轻拿轻放，避免磕碰工作面，用后妥善保管。注意不要把卡规,特别是小尺寸卡规放在震动的机床上面,以免掉入切屑槽或地沟遗失。

（4）大尺寸卡规摆放时应竖直插放,以免逐渐变形。

（5）必须严格按计量器具周期检定计划按时送检,检验合格后才能使用。

三十五 铸铁（或花岗岩）平板

（一）结构原理、规格、用途

1. 结构原理

铸铁平板（或岩石平板）又称平板,由平板工作面、平板箱体、可调支座及支架组成,如图 1 - 118 所示。

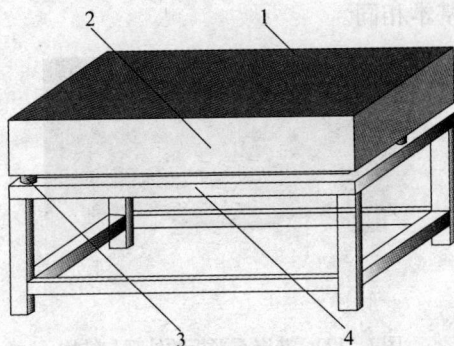

图 1 - 118 平板的外观与结构
1—平板工作面;2—平板箱体;3—可调支座;4—支架。

2. 常用规格

铸铁平板（或岩石平板）常用规格:160mm × 100mm;160mm × 160mm;250mm × 160mm;250mm × 250mm;400mm × 250mm;400mm × 400mm;630mm × 400mm;630mm × 630mm;800mm × 800mm;1000mm × 630mm;1000mm × 1000mm;1250mm × 1250mm;1600mm × 1000mm;1600mm × 1600mm;2500mm × 1600mm 等。

常见铸铁平板(图 1 – 119)的精度等级为 0 级、1 级、2 级、3 级。具体的允许误差,1 级 ~ 3 级精度的铸铁平板(以 1000mm × 1000mm 规格的平板为例)平面度允差分别为 20μm、39μm、96μm。

图 1 – 119　铸铁平板外观及结构

岩石平板(图 1 – 120)常见主要是花岗石、大理石平板,精度等级为 00 级、0 级、1 级、2 级。其规格、精度及允差挠度与载荷和同规格的铸铁平板基本相同。

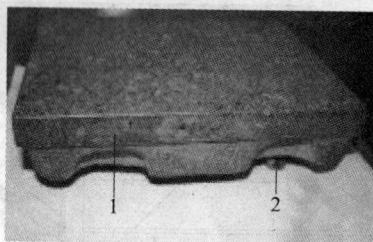

图 1 – 120　花岗石平板的外观与结构
1—花岗石平板;2—可调支座。

3. 主要用途

铸铁平板(或岩石平板)作为平面基准量具,用于检验制件或划线的平面基准使用。

(二) 使用方法

1. 检查外观

平板的工作面不允许有裂纹、锈蚀、划痕、碰伤、凹坑、材质疏松等影响使用性能的缺陷。

铸铁平板应清除型砂且平整,无锐边毛刺,涂漆牢固,工作面上直径小于15mm的砂孔允许用相同材料堵塞,其硬度应低于周围材料的硬度。工作面堵塞的砂孔应不多于4个,砂孔之间的距离不小于80mm。铸铁平板应无磁。

岩石平板工作面上不应有裂纹、划痕、碰伤、烧伤、凹坑、材质疏松等缺陷,岩石平板工作面(图1-121)出现的凹陷或掉角不允许修补。

图1-121 大理石平板

用时擦去防锈黄油、灰尘,保持工作面清洁。

2. 测量方法

(1) 选择平板规则。3级铸铁平板一般用于毛坯件的检查使用;2级铸铁平板一般用于精密零部位的检查使用。例如,长宽规格小于1000mm×1000mm的2级平板,允许偏差为39μm,能满足一般制件的使用要求;1级1000mm×1000mm铸铁平板(或花岗石平板)一般用于较高精度的零部件检查使用,例如,1级1000mm×1000mm平板的平面度最大允差小于20μm。

(2) 测量方法。将铸铁平板(或岩石平板)作为检验的基准面使用,测量物体的高度、角度、平行度以及划线。使用方法如下:

① 将被检制件轻轻摆放于平板上,根据需要选用计量器具方箱、高度尺、百分表及表架等进行检验。

② 高度尺寸测量。将平板作为测量高度的基准面:将待测制件

与安装有百分表的磁力表座(图 1 – 122)同置于平板上,轻轻放上相近于被测尺寸的标准量块,使用安装在磁力表座上的百分表进行高度比较测量,即可测得制件的高度值。

图 1 – 122　带百分表的磁力表座

③ 角度测量。将平板作为角度测量的基准面,配以角度尺,即可进行角度量测。

④ 平行度测量。将平板作为平行度测量的基准面,固定百分表磁力表座后,然后使百分表指针接触在待测制件表面上方,慢慢移动表座使百分表测头在制件表面缓缓滑过,可检查制件面与平板面的平行度。

⑤ 将平板作为划线的基准面,可按照图纸的尺寸,依托平板基准面进行划线工作。

(三) 使用保养注意事项

(1) 铸铁平板使用完毕后,擦净平板的工作面,涂上一层防锈油;若是铸铁平板长时间不用,应涂上一层黄油,然后铺上一层油纸。

(2) 使用完毕后,应将零部件移出工作面,不允许长时间压在平板上,以免平板发生永久性变形,原因在于每块平板只能承载一定重量的载荷,即各种规格平板工作面中央的集中载荷区域只有允许相应的额定载荷以及允许挠度值。例如,规格为 160mm×100mm 平板至 400mm×250mm 平板,其额定载荷等于或小于 375N,允许挠度为 1.5μm;规格为 400mm×400mm 平板至 1000mm×630mm 的平板,其额定载荷等于或小于 500N,允许挠度为 2μm。

（3）平板应有三个主支承点,支承点位置符合最小变形原则,一般取在平板边长的2/9处。尺寸大于 1000mm×1000mm 的铸铁平板应增加辅助支承点。

新购入的平板安装时,应将可调支架（图 1-123）支承在规定的支点处,防止变形;若移动平板后应用水平仪将平板调整水平。

可调支承

图 1-123　可调支架

（4）用木板制作一个专用罩,不用平板时,用罩子将平板罩住,既防碰划伤,又防尘,还能防止意外落物砸伤。

（5）岩石平板易碎,检测使用时,零部件及辅具应轻拿轻放。

（6）定期进行计量周期检定,检定合格后才能使用。若铸铁平板检定超差,可进行刮削（铲刮）修理,3级平板也可采用刮削修复,修后检定合格才能使用。

三十六　方　尺

（一）结构原理、规格、用途

1. 结构原理

方尺常见为花岗石方尺,花岗石方尺具有垂直、平行的框架结构,如图 1 - 124 所示。

图 1 - 124　花岗石方尺
1—花岗石方尺;2—工作面。

2. 常用规格

花岗石方尺常用规格:200mm × 200mm;250mm × 250mm;315mm × 315mm;400mm × 400mm;500mm × 500mm。

3. 主要用途

方尺用于高精度测量制件的平行度和垂直度以及机械机床、仪器的检验。

(二) 使用方法

1. 检查外观

方尺的工作面不允许有裂纹、划痕、碰伤、凹坑等影响使用性能的缺陷;用脱脂棉蘸 120 号溶剂汽油将方尺和被测件测量面擦拭干净,清除杂质、油污。

2. 测量方法

将被测件轻轻放在方尺的工作面上,用光隙法检测,如图 1 - 125 所示。

当用光隙法操作时,根据缝隙光呈现的色彩,目测定性估测判定

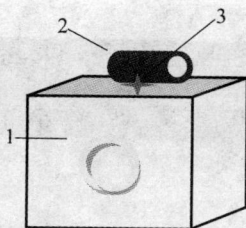

图 1－125　方尺用光隙法检查示意图

1—方尺;2—待测制件;3—光隙。

间隙大小:看不见光,间隙≤0.5μm;看见蓝色光,间隙为6μm;看见白光,间隙≥0.01mm。

(三) 使用保养注意事项

(1) 方尺用完后,用干净的棉布擦拭干净。

(2) 方尺应定置放,防尘、防振动。

(3) 花岗石方尺易碎,检测使用时,零部件及辅具应轻拿轻放。

(4) 严格按计量器具周期检定计划送检,检定合格后才能使用。

三十七　平　尺

(一) 结构原理、规格、用途

1. 结构原理

平尺是工作面为平面,用于测量工件表面直线度和平面度的量具,如图 1－126 所示。

2. 常用规格

平尺有岩石平尺和钢平尺及铸铁平尺(图 1－127)。工厂中常用花岗石平尺,花岗石主要矿物成分为辉石、斜长石、少量橄榄石、黑色云母以及微量磁铁矿石,黑色光泽,结构精密,经过漫长岁月的老化,质地均匀,稳定性好,强度很大,硬度高,能在重负荷下保持高精

图 1 – 126　花岗石平尺

度。花岗石平尺精度有 4 种:00 级、0 级、1 级和 2 级。

图 1 – 127　铸铁平尺

3. 主要用途

平尺主要用于测量制件表面直线度和平面度。

(二) 使用方法

1. 检查外观

平尺的工作面不允许有裂纹、划痕、碰伤、凹坑等影响使用性能的缺陷;用脱脂棉蘸 120 号溶剂汽油将平尺测量面擦拭干净,清除杂质、油污。

2. 测量方法

(1) 用脱脂棉蘸 120 号溶剂汽油将被测件测量面擦拭干净,清除杂屑、油污等。

(2) 使用平尺工作面,工作面和侧面的计量特性不同,岩石平尺工作面表面粗糙度 R_a 为 0.4 μm,侧面表面粗糙度 R_a 为 1.6 μm。

（3）擦净被测件并轻轻放在平尺工作面上,用光隙法检测,如图 1-128 所示。

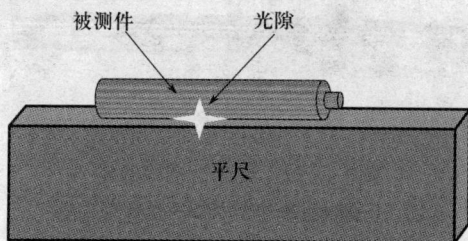

图 1-128 花岗石平尺用光隙法检查示意图

当用光隙法操作时,根据缝隙光呈现的色彩,定性估测判定间隙大小:看不见光,间隙≤0.5μm;看见蓝色光,间隙为6μm;看见白光,间隙≥0.01mm。

（三）使用保养注意事项

（1）平尺用完后,用干净棉布擦拭干净,钢平尺应涂润滑油。

（2）平尺应定置放,防尘、防振动。

（3）花岗石平尺易碎,检测使用时,零部件及辅具应轻拿轻放。

（4）必须严格按计量器具周期检定计划按时送检,检定合格后才能使用。

三十八 莫氏锥柄检验棒

（一）结构原理、规格、用途

1. 结构原理

莫氏锥柄检验棒属于机床检验棒的一种,它由锥柄、工作面、顶针孔组成,如图 1-129 所示。

2. 常用规格

莫氏锥柄检验棒有 7 种规格,如表 1-11 所列。

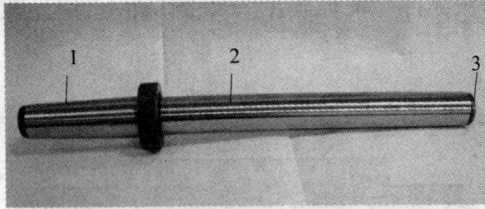

图 1 - 129　莫氏锥柄检验棒

1—锥柄;2—工作面;3—顶针孔。

表 1 - 11　莫氏锥柄检验棒规格

锥柄尺寸	0#	1#	2#	3#	4#	5#	6#
公称直径/mm	9.045	12.065	17.78	23.825	31.267	44.399	63.348
测量长度/mm	150	150	150	250	300	300	500

3. 主要用途

莫氏锥柄验模主要应用于车床、磨床等各类机床的几何精度检验。

（二）使用方法

1. 检查外观

莫氏锥柄检验棒的工作面不允许有裂纹、划痕、碰伤、凹坑等影响使用性能的缺陷。用脱脂棉蘸 120 号溶剂汽油将莫氏锥柄检验棒和机床顶尖擦拭干净，清除杂质、油污。

2. 测量方法

（1）根据机床检验需要，选择合适的检验棒。机床检验棒分为三类：第一类为莫氏锥柄、短柄、元柱检验棒；第二类为 7∶24 检验棒；第三类为元柱检验棒，第三类有 11 种规格。

（2）检验机床跳动。将莫氏锥柄检验棒的顶尖孔用机床顶尖顶住，将百分表安装于表座上，表座磁附于机床合适位置，百分表的测头轻轻触及检验棒表面并达到压缩 1/2 圈后，观察百分表在缓缓转动检验棒时测得的跳动值即为机床的跳动值。

（三）使用保养注意事项

（1）检验棒是比较精确的校验工具,使用中工作表面勿受碰撞或擦伤,用后清洗擦拭干净,涂上防锈油,然后存放于木量具盒中(如图1－130示意图)。

图1－130　莫氏锥柄检验棒存放示意图

（2）检验棒采用优质碳素工具钢制造,工艺一般采用高频淬火,若需测硬度,可用肖氏硬度机测量。

（3）严格按计量器具周期检定计划送检,检定合格后才能使用。

三十九　钢　直　尺

（一）结构原理、规格、用途

1. 结构原理

钢直尺是用来测量长度的一种量具,由不锈钢片制成,由尺身、侧边刻度、悬挂孔组成,如图1－131所示。

2. 常用规格

普通钢直尺的标称规格:0～150mm;0～300mm;0～500mm;0～1000mm;0～1500mm;0～2000mm。钢直尺的最小刻度一般为0.5mm或1.0mm。

3. 主要用途

钢直尺主要用于测量长度尺寸。

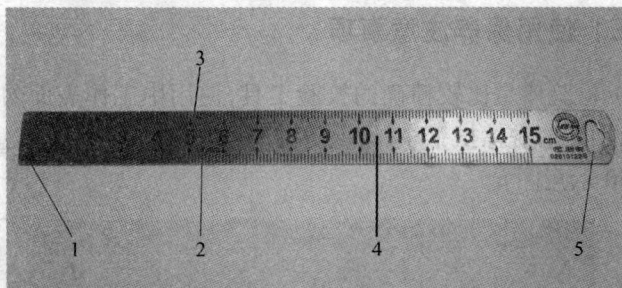

图 1 – 131　钢直尺
1—端边;2,3—侧边;4—尺身;5—悬挂孔。

(二) 使用方法

1. 检查外观

钢直尺的端边、侧边及背面应光滑平直,不应有毛刺、锋口和锉痕弯曲等现象;钢直尺的刻线面及刀口平面不应有碰伤、锈迹及影响使用的明显斑点、划痕;线纹必须明晰,垂直到侧边,不应有目视可见的断线现象存在。

钢直尺分度应自端边算起,标注相应的以厘米为计数单位的数字。标称全长度处应标注 cm 单位和尺上标注 CMC 标记(图 1 – 131 悬挂孔处所示)。

2. 测量方法

(1) 根据工件的实际尺寸,选择满足测量要求的规格和示值精度,如表 1 – 12 所列。

表 1 – 12　钢直尺的示值误差　　　　单位:mm

标称长度	50、150、300	500(600)	1000	1500	2000
示值误差	±0.10	±0.15	±0.20	±0.27	±0.35
注:尺的端边至第一条线纹的示值误差为 ±0.08					

(2) 擦净尺身和测量端面。

(3) 测量时,将钢直尺拿稳、端平,紧贴工件被测量面,刻度面朝上垂直面对测量者眼睛。读数时,应使眼睛视线与钢直尺刻度面垂直,不能倾斜,否则读出数据不准确。

(三) 使用保养注意事项

(1) 使用后,擦净钢直尺尺身上的油污、灰尘、杂质。

(2) 将大尺寸规格(≥500mm)的钢直尺悬挂于专用钉上,使之自然垂直悬挂(图1-132),或者平放于平板、平台或平直的柜内,防止变形弯曲而影响测量精度或无法使用而报废。

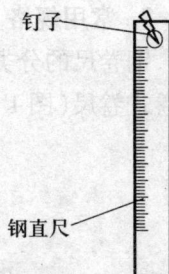

图1-132 钢直尺悬挂存放

(3) 定置平放或垂直悬挂,防尘、防锈、涂上防锈油。

(4) 严格按计量器具周期检定计划送检,检定合格后才能使用。

四十 钢 卷 尺

(一) 结构原理、规格、用途

1. 结构原理

钢卷尺的主要结构为具有一定弹性的整条钢带,卷于金属(或塑料)材料制成的尺盒或框架内(图1-133)。普通钢卷尺的尺端装有尺勾,制动式卷尺附有控制尺带收卷的按钮装置。测深钢卷尺的尺端带有铜制的尺砣,它与尺带的连接可以是固定的,也可以是挂钩式的,尺砣按其质量分为 0.7kg 和 1.6kg 两种。

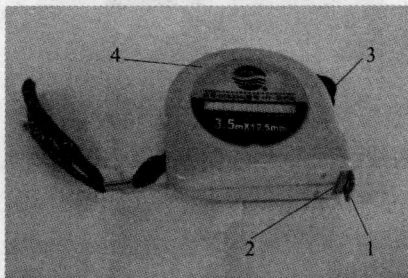

图1-133 钢卷尺的外观及结构
1—尺勾;2—尺带;3—制动按钮;4—尺盒。

2. 常用规格

钢卷尺的分类,若按其结构可分为制动式卷尺(图1-134(a))、自卷式卷尺(图1-134(b))、摇卷盒式卷尺和测深钢卷尺。

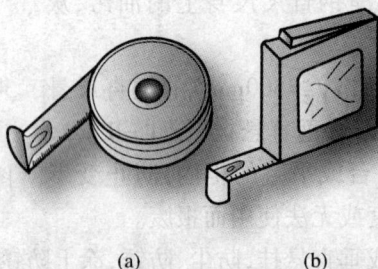

(a)   (b)

图1-134　制动式卷尺和自卷式卷尺

(a)制动式卷尺;(b)自卷式卷尺。

钢卷尺最小刻度规格一般为1mm、5mm、10mm 三种;测量范围主要有0~1000mm,0~2000mm,0~3500mm,0~5000mm 等规格的钢卷尺,以及不常见的20m 钢卷尺(图1-135)等。

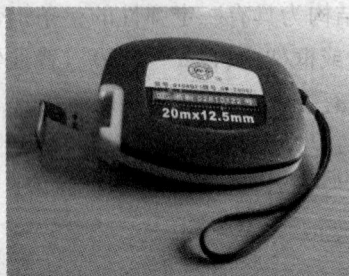

图1-135　大规格钢卷尺

钢卷尺任意两线纹间的允许误差(以2级为例):

允许误差 $=0.3+0.2L(\text{mm})$

3. 主要用途

钢卷尺是最常见的测量长度用的计量器具,不仅工厂使用,各行各业乃至家庭都广泛使用。若按其用途可分为三种:普通钢卷尺,用于测量物体的长度;测深钢卷尺,主要用于测量液体的深度;钢围尺,在尺带上刻有周长尺和直径尺两种刻度,便于同时测量出圆柱物体的周长和直径,主要是用于测量物体的直径和周长。

(二) 使用方法

1. 检查外观

钢卷尺的尺面不应有凹凸不平及扭曲现象;尺带两边缘必须平滑,不应有锋口和毛刺;尺带宽度应均匀。尺勾应保持直角,不得有目视可见的偏差。尺带表面应有防腐层,且要牢固、平整光洁,无气泡、脱皮和折皱,无锈蚀、划痕等缺陷。

钢卷尺的尺带分度线纹应均匀、清晰并垂直到尺边,不能有重线或漏线。

2. 测量方法

(1) 测量前,检查卷尺的尺带,伸缩自如,无卡滞;然后用干布或棉纱擦净尺身和工件被测量面。

(2) 测量尺寸。用尺钩钩住被测量面一端,慢慢拉出钢卷尺尺带,再将尺带刻度紧贴被测量面端点,眼睛视线与尺带刻度面垂直,读出测量值。

(三) 使用保养注意事项

(1) 擦净钢卷尺的尺带。

(2) 松开钢卷尺的尺带,使尺带缓慢退回盒内。

(3) 拉出尺带时,应缓慢匀速,不允许用力过猛、踩踏、弯曲。

(4) 严格按计量器具周期检定计划送检,检定合格后才能使用。

第二部分　温度计量器具

一　热　电　偶

（一）结构原理、规格、用途

1. 结构原理

热电偶又称为一次仪表或温度传感器，是工业测温中使用最广泛的传感器之一。热电偶由热电极、测量端、绝缘磁管、保护管、接线盒等组成，如图2-1所示。

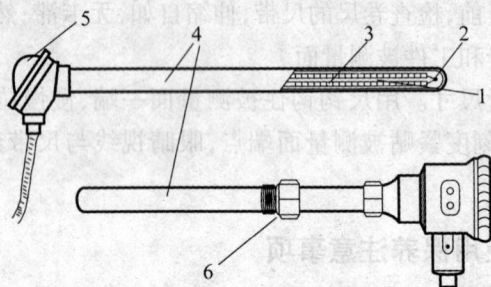

图2-1　热电偶的外观及结构

1—热电极；2—测量端；3—绝缘磁管；

4—保护管；5—接线盒；6—安装螺母。

热电偶测量温度的基本原理是热电效应，即将两种不同成分的金属导体首尾相连接成闭合回路，如果两端结点的温度不相等，则在回路中就会产生与温度值相对应的热电动势（图2-2），该热电动势即著名的塞贝克温度电动势，简称热电动势。热电偶将测量端感受到的被测温度转化成对应的热电动势，该热电动势通过补偿导线传输到与热电偶配套的仪表，仪表显示出温度值。

130

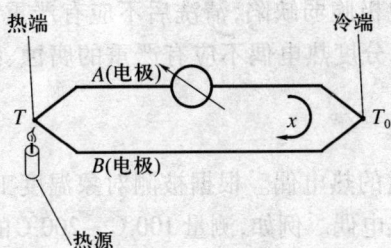

图 2 - 2 热电动势产生示意图

2. 常用规格

在工业生产中,常见种类、规格的热电偶有:

(1)铂铑 10 - 铂热电偶,测温范围为 300℃ ~ 1100℃、600℃ ~ 1600℃,分度号为 S。允许误差:热电偶工作端温度小于或等于 600℃时,为 ±3℃;大于 600℃时,为满量程的 ±0.5%(℃)。

(2)铜 - 考铜热电偶,测温范围为 0 ~ 600℃;分度号为 E。允许误差:热电偶工作端温度小于或等于 300℃时,为 ±4℃;大于 300℃时,为满量程的 ±1%(℃)。

(3)铜 - 康铜热电偶,测温范围为 - 200℃ ~ 400℃、- 40℃ ~ 350℃,分度号为 T。允许误差:热电偶工作端温度小于或等于 300℃时,为 ±4℃;大于 300℃时,为满量程的 ±1%(℃)。

(4)镍洛 - 镍硅热电偶,测温范围为 0 ~ 1100℃,短时测温可达 1300℃;分度号为 K。允许误差:热电偶工作端温度小于或等于 400℃时,为 ±4℃;大于 400℃时,为满量程的 ±1%(℃)。

3. 主要用途

热电偶主要用于 - 200℃ ~ 1600℃ 区间的低温、中温、高温段温度的测量,作为指示记录仪表的温度传感器使用。

(二) 使用方法

1. 检查外观

热电偶的测量端应焊接牢固、光滑、无气孔等缺陷;贵金属 S 分度热电偶不应有电极脆弱缺陷,清洗后不应有严重的色斑或发黑现象;廉金属 E、T、K 分度热电偶不应有严重的腐蚀、缩径和电极脆弱等缺陷。

2. 测量方法

(1)选用合适的热电偶。根据被测对象温度工艺范围,选择合适种类和量程的热电偶。例如,测量 100℃ ~200℃ 的工艺温度,不能选用测量较高温度 S 分度的铂铑 10 - 铂热电偶,或 K 分度的镍铬 - 镍硅热电偶,而应选择测量 300℃ 以下温度,使用 T 分度的铜 - 康铜热电偶。

热电偶的保护盒上有标牌可确认、识别分度号和测量范围(图 2 - 3)。

图 2 - 3 热电偶保护盒上的标牌及分度

(2)选配补偿导线和仪表。根据热电偶的分度号选择对应分度的补偿导线和仪表,如 K 分度的热电偶需配用 K 分度的补偿导线和显示仪表;否则,将导致极大的测量误差。

补偿导线是一种与所配热电偶热电特性相同的,带有绝缘层保护套的导体,其作用是将热电偶的参考端延伸到远离热源或环境温度较恒定的地方。若不使用补偿导线而使用普通的铜导线,将无法使热电偶的参考端延至相对稳定的地方用仪表测量显示,从而导致严重的测量误差。

从补偿导线的绝缘层颜色来识别补偿导线的型号是否与热电偶

的型号匹配方法见表2-1。

表2-1　补偿导线的绝缘层颜色分辨

配用热电偶	补偿导线材料		绝缘层颜色		分度号
	正极	负极	正极	负极	
铂铑10-铂	铜	铜镍	红色	绿色	S
镍铬-镍硅	铜	康铜	红色	蓝色	K
镍铬-考铜	镍铬合金	考铜	褐绿	白色	E
铜-康铜	铜	康铜	红色	白色	T

（3）连接导线。按热电偶接线盒内接线柱上的"+""-"极（图2-4），将补偿导线的正负极与之对应连接，然后与显示仪表"+"、"-"极对应连接。

图2-4　热电偶接线柱上的
"+"、"-"极标注

（4）测量温度。热电偶、补偿导线与仪表连接后，开启仪表电源，仪表即显示出被测温度值。

（三）使用保养注意事项

（1）热电偶不能安装在靠近热处理炉门和加热电阻丝的地方。炉门处温度不稳定，而电阻丝是发热体，温度偏高而不能代表真实炉温。

（2）热电偶安装应尽量保持垂直，防止保护管在高温下发生变形。当被测介质有流速时，热电偶应倾斜安放。确需水平安装时，可加以耐火砖或耐热金属支架支撑,防止高温变形。

(3)热电偶安装地点应尽量避开强磁场、电场等,防止外来电磁干扰。例如,不能将热电偶和动力电力线安装在同一根导管内,以免引入严重干扰,造成误差。

(4)热电偶插入热处理炉的炉膛深度要足够深,一般插入最低深度不小于热电偶保护管外径的 8 倍 ~ 10 倍,应尽可能接近被测产品;否则,不能反映炉膛及被测产品的真实温度,导致测得的温度低于实际值。

(5)热电偶不能震动,重力敲打;否则,内部绝缘瓷管碎裂,导致电路短路。

(6)若热电偶内部潮湿时,将引入误差,表现情况是测量的温度值偏低。可将热电偶电极取出,将绝缘磁管和热电极(图 2 - 5)分别烘干,即可使用。若磁管被污染及湿气较重,不能烘干除湿,会引起严重纵向干扰,由此引起的误差有时可达上百摄氏度,可将其更换。

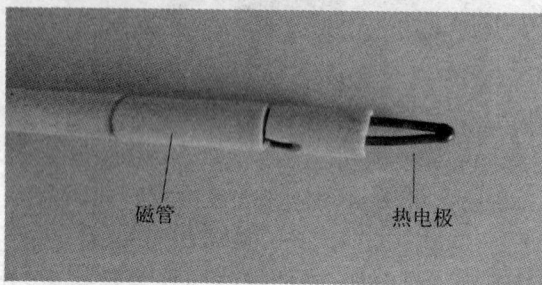

图 2 - 5　热电偶的磁管和热电极

(7)热电偶参考端温度过高(如超过 100℃),应进行参考端温度补偿,厂家在说明书中有具体补偿值。

(8)热电偶进行 0 ~ 300℃ 测量时会有热惯性,热惯性使仪表的指示值落后于被测温度的变化,与实际炉温差别较大,应尽可能采用热电极较细、保护管直径较小的热电偶,或采用动态特性较好的铠装热电偶。测温环境许可时,甚至可将保护管前端切去,裸露出热电偶测量端。在较精密的温度测量时,可使用无保护管的裸丝热电偶,但这样热电偶容易损坏,应经常校正及时更换。

(9) 严格按计量器具周期检定计划送检,检定合格后才能使用。

二　热 电 阻

(一) 结构原理、规格、用途

1. 结构原理

热电阻又称一次仪表或温度传感器,热电阻由外保护管、电阻丝以及接线盒组成,如图 2 - 6 所示。

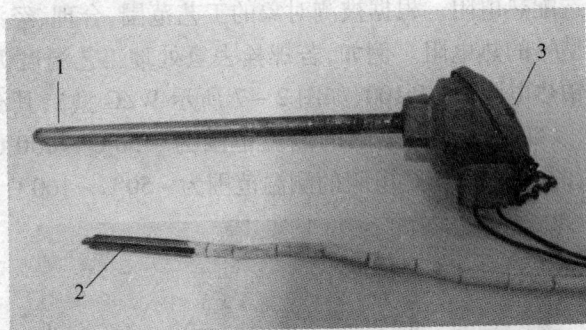

图 2 - 6　热电阻的外观与结构

1—外保护管;2—电阻丝;3—接线盒。

热电阻的测温原理是基于金属导体的电阻值随温度的增加而增加,用显示仪表测出热电阻的阻值从而得出与电阻值相对应的温度值。即利用导体的电阻值随温度变化而变化的特性,来测量温度的一种感温元件。

2. 常用规格

热电阻常见种类和规格:铂热电阻,温度量程 - 200℃ ~ 500℃ ;铜热电阻,温度量程 - 50℃ ~ 150℃ 。

3．主要用途

热电阻主要用于低、中温（－200℃～650℃）范围的温度测量，作为显示仪表的传感器使用。

（二）使用方法

1．检查外观

热电阻保护管应完整无损，无显著的锈蚀和划痕；热电阻的连接螺纹应光洁；热电阻各部分装配应牢固可靠；热电阻不得短路或断路；热电阻应有铭牌，铭牌应有制造厂或厂标、热电阻型号、分度号和量程及出厂编号等。

2．测量方法

（1）选配热电阻。根据被测对象的工艺范围，合理、经济地选择相应规格型号的热电阻。例如，若螺栓去氢处理工艺温度为200℃，就可选用铂热电阻（即Pt100，如图2－7所示WZG型），其测温范围为－200℃～500℃；铜热电阻的测温范围为－50℃～150℃可用于100℃左右的热处理；镍热电阻的测温范围为－50℃～100℃。

图2－7　铂热电阻的铭牌及型号

（2）安装定位。热电阻的安装应避免在炉门旁或与加热物体靠得太近，接线盒处的温度不宜超过100℃，并尽可能使其保持稳定。

（3）插入深度。热电阻的插入深度可根据现场实际需要决定，但是至少不应小于热电阻外保护管外径的8倍～10倍。

（4）垂直安装。热电阻应尽可能垂直安放,以防高温下弯曲变形;接线盒的出线孔应尽可能朝下,以防因密封不良而使水汽、灰尘和赃物落入接线盒中。

（5）正确接线。热电阻与显示仪表(二次仪表)间的连接导线可用绝缘铜导线(最好加屏蔽层),其阻值需满足显示仪表技术条件规定的数据。

特别注意,根据显示仪表要求而采用二线制式或三线制式连接法连接(图2-8);否则,将产生较大误差。

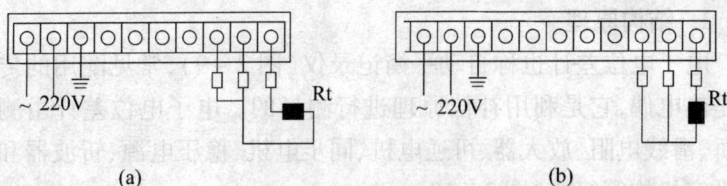

图2-8　热电阻的二线制和三线制连接法

(a)二线制连接法;(b)三线制连接法。

（6）监控避热。热电阻在使用过程中,应尽量避免被测温场以外的辐射源的热辐射影响和热电阻本身热传导作用的影响,以防带来附加误差。

（7）保持绝缘。热电阻丝与保护管之间绝缘,以及热电阻丝和保护管与大地之间的绝缘要良好;否则,会带来干扰误差,严重影响仪表的正常工作。

（8）测量温度。热电阻与显示仪表连接后,打开显示仪表即可显示被测对象温度值。

（三）使用保养注意事项

（1）使用前,应用万用表 $R \times 1$ 挡检查电阻值,若万用表指示"∞"处,则热电阻已断路,不能使用。

（2）热电阻应当防潮、防水,否则将造成热电阻短路。若热电阻受潮,可将它放在 80℃ ~ 100℃的烘箱中烘 1h ~ 2h,用万用表 $R \times 1k$ 挡测量电阻丝与其外壳电阻值。当万用表指示在"∞"处,则受潮短路故障已排除;若万用表指示在"0"处,则需继续烘干。

（3）严格按计量器具周期检定计划送检,检定合格后才能使用。

三 电子电位差计

（一）结构原理、规格、用途

1. 结构原理

电子电位差计也称自动平衡记录仪(图 2 - 9),常见配用的传感器是热电偶,它是利用补偿原理进行测量的。电子电位差计由测量电桥、滑线电阻、放大器、可逆电机、同步电机、稳压电源、斩波器和控制设定机构等组成(图 2 - 10)。

图 2 - 9 电子电位差计
1—表体;2—温度指示指针;3—记录纸;4—刻度;
5—控制设定指针;6—记录笔;7—指示灯

仪表门后的面板上安装有同步电机、记录传动齿、控制机构、设定机构、可逆电机、滑线电阻传动机构、指示传动机构及开关、标尺、信号灯等,如图 2 - 10 所示。

图 2 - 10　电子电位差计内部结构

1—测量电桥;2—滑线电阻;3—同步电机;

4—稳压电源;5—可逆电机;6—放大器;

7—斩波器;8—控制设定机构。

2. 常用规格

电子电位差计的测量精度一般为 0.5 级;种类有圆图指示记录仪、长图指示记录仪;测温范围有 0 ~ 800℃,使用最多的测温范围是 0 ~ 1100℃。热处理车间的渗碳炉、连续热处理炉、箱式电炉、井式电炉等都有广泛应用于 0 ~ 1100℃测温范围。

3. 主要用途

电子电位差计主要用于热处理炉指示炉温,并自动控制和自动记录保温时间、温度波动情况及监控进出炉工艺过程。

(二) 使用方法

1. 检查外观

仪表零部件应整洁,刻度清晰,指示针运行满刻度范围内无卡滞;温度控制设定指针移动无阻碍;仪表的极坐标记录纸无污迹;记录笔所画曲线线条明晰、无侵染;仪表线路整齐,接线正确,标记符号完整无误;仪表开关功能正常;通电后,指示灯应能可靠照亮。

2. 检查始点与终点

（1）检查始点：在仪表通电状态下，打开仪表后面接线盒，用尖嘴钳两个钳尖将热电偶补偿导线接线处短接，仪表指针应迅速指向室温，摆动两个周期后停下来，即始点正确，仪表正常；否则，应修理仪表。

（2）检查终点：在仪表后面接线盒内，将热电偶补偿导线任一根接线松开拧紧螺钉，断开接线，仪表指针应迅速指向终点，即仪表终点正确，断路保护系统发挥了作用。

3. 测量方法

（1）装入仪表记录纸。记录纸为极坐标图案，以 K 分度、0～1100℃的电子电位差计的记录纸（图 2-11）为例，横坐标为时间，每一大格为 1h，一小格为 15min；纵坐标为温度，每一大格为 100℃，一小格为 20℃。卡纸机构采用月牙形板，将记录纸两小孔对准月牙形板端，逆时针转一下，即可卡住记录纸。

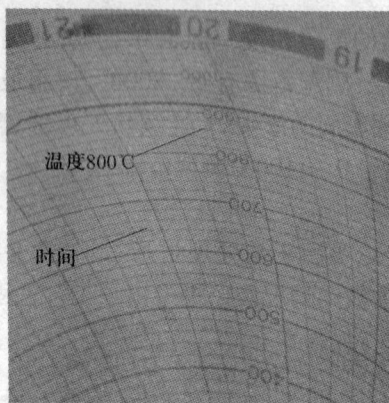

图 2-11　仪表极坐标记录纸

（2）调记录笔。调记录笔架上的压紧螺钉，将记录表微压（笔尖对纸压力 1×10^{-2} N）于记录纸上；仪表采用微孔塑料纤维笔，内含红色记录液，每支笔可连续记录 400m～600m，使用约 3 个月，调好记录笔压力即可。

(3) 仪表连接电源线、控制线、热电偶输入信号线,如图 2 – 12 所示。

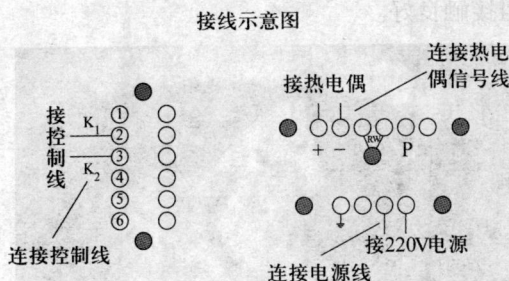

图 2 – 12 电子电位差计的接线图

① 连接电源线。仪表的供电源线 220V、50Hz,接线时特别注意相线及中线的位置,不可接错,仪表接地端子应可靠接地。

② 连接热电偶输入信号线。从热电偶至仪表的连接必须用补偿导线,并注意补偿导线极性应和热电偶一致。为提高仪表抗干扰能力,仪表输入信号线最好绞合起来,用金属管屏蔽,该金属管不应接地面,而应与接线板"P"端连接。

③ 连接控制线。仪表接线端子上有两个控制线接线端钮,连接控制柜内的中间继电器,仪表通断就可控制电炉的通断,达到自动控制温度的目的。

(4) 打开仪表电源。指示灯亮,仪表指示室温或炉温,同步电机与可逆电机转动时减速器有均匀的"沙沙"声。

(5) 预热 30min。若仪表阻尼特性较大,指针摆动或抖动过多,调整仪表板上阻尼电位器,满足两次摆动周期即可。

(6) 测量显示温度。仪表指针平滑地稳定指示出被测对象的温度值。

(三) 使用保养注意事项

(1) 清洁滑线电阻(图 2 – 13)。滑线电阻上若有灰尘将使指示不稳定,记录笔也随之呈不规则记录线条,不能真实快速反映温度。

清洁方法是,用镊子包以干净的白绸布蘸 120 号汽油贴紧滑线电阻,顺电阻丝表面擦拭,一般应每隔一周清洁滑线电阻丝,使电桥移动测头与滑线电阻接触良好。

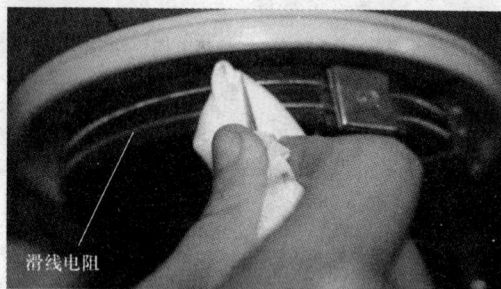

图 2 - 13 清洗滑线电阻示意图

(2)仪表的记录纸和记录笔要经常检查,保持清洁通畅,记录清晰。

(3)记录纸要防潮,用完更换,妥善保存。

(4)可逆电机、同步电机的减速机构应定期(一般 3 个月)拆卸,用 120 号汽油清洗油污,干燥后安装好,然后加适量的医药用凡士林润滑可达到齿轴涂一层薄薄的凡士林即可。

(5)仪表运行中应观察指示灯是否亮。仪表记录曲线应圆滑,连续不断,不应有时高时低,乱画曲线。如异常,应通知设备检修人员检修。

(6)调整阻尼特性。若指针出现有规律的摆动,这时无法观察指示,则调整阻尼旋钮(图 2 - 14),使指针摆动 1 个半周期停止即可。

(7)经常观察,确认仪表控制是否失灵,当发现超温(温度超过设定点温度仍然上升)时,或记录曲线出现"直线"都是非常危险的失控信号(图 2 - 15),必须立即采取措施。首先应切断电源,再检查接触器是否能断开,若断不开则找设备维修人员打开接触器,用砂纸将接触器接触面的烧蚀痕及锈迹打磨干净,接触可靠,即可排除故障。应排除故障后再生产,否则温度升温失控将导致炉内全部零部件报废。

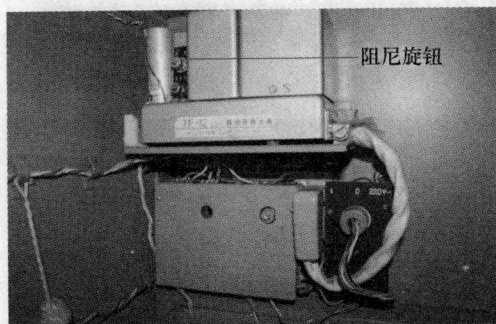

图 2 - 14 仪表阻尼特性旋钮

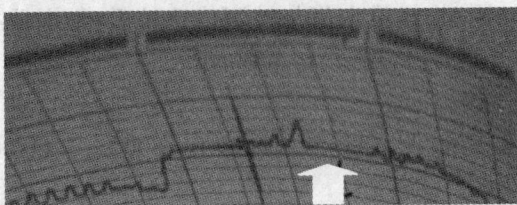

图 2 - 15 仪表记录曲线出现"直线"

（8）应保持仪表自身以及周围环境的整洁。

（9）严格按计量器具周期检定计划送检，检定合格后才能使用。

四 数显温度指示（调节）仪

（一）结构原理、规格、用途

1. 结构原理

数显温度指示（调节）仪配热电偶或热电阻用以测量温度，由仪表电源开关、液晶显示屏、指示灯，以及内置电路板（测量桥路、前置放大器、非线性修正电路、信号比较，基准电压，转换器）和继电器构成，如图 2 - 16 所示。

测量原理是，当传感器（热电偶或热电阻）输入信号，经专用的电

143

图 2 - 16　数显温度指示仪

1—电源开关;2—液晶显示屏;3—指示灯。

子线路模块平衡放大处理后,送出 1mV/字的模拟线性信号,指示出被测温度值。同时,经设定值与被测值比较后,继电器执行位式控制,使被控电炉温度控制在设定范围内。

2. 常用规格

数显温度指示(调节)仪常用规格:0~800℃;0~1100℃。

3. 主要用途

数显温度指示(调节)仪适用于热处理炉、烘箱等热源的测量控制。

(二) 使用方法

1. 检查外观

仪表的外形结构应完好。仪表的名称、型号、规格、测量范围、分度号、制造厂名(或商标)、出厂编号、制造年月等均应有明确的标记。仪表外露的部件(接线端钮、面板、开关等)不应松动、破损;液晶显示屏显示数字应清晰、稳定,数字指示面板不应有影响读数的缺陷。

2. 测量方法

(1)通电检查。各开关、旋钮在规定状态时,应具有相应功能;显示屏指示数字应连续、无叠字、亮度均匀,不应有不亮、缺笔画等现象,小数点位置应正确;对带有控制功能的仪表,控制应准确、可靠。

(2)仪表安装。仪表安装时,应核对仪表热传感器与连线的型号分度号及温度范围一致。

① 仪表应在清洁、相对湿度不超过85%、环境温度0~40℃,空气中无腐蚀性气体、电源波动在±10%范围内的地点使用。

② 按仪表后部标志连接好电源线,相/中/地(图2-17)逐一连接,连接导线的横截面积不应小于$1mm^2$。

图2-17　数显温度指示仪的接线图

③ 若配热电偶输入接线时,须使用补偿导线,正、负极不可接错。

④ 若配热电阻输入接线时,必须使用等径三芯电缆,每根阻值小于5Ω,以消除导线误差,避免影响仪表准确。

⑤ 调节控制电路按图2-17要求连接。

(3)开启电源,预热30min正常使用。

(4)仪表显示、控制。操作数显温度指示仪的人员应当观察仪表显示到达设定温度时的通断状况,此时仪表的控制调节功能应能发挥作用,继电器应灵敏工作,到温度设定点时应能断开加热电源,低于温度设定点时应能接通加热电源,如此反复,保持恒温。

(三) 使用保养注意事项

(1)定期用万用表检查仪表控制是否正常,或者观察仪表是否有超温现象,若出现此类情况,应通知检修人员进行检修。

(2)应保持仪表自身及周围环境的清洁。

(3)严格按计量器具周期检定计划送检,检定合格后才能使用。

145

五 红外测温仪

（一）结构原理、规格、用途

1. 结构原理

红外测温仪由红外检测传感器、液晶显示按屏、发射率设置按钮、开关键等组成，如图 2 - 18 所示。

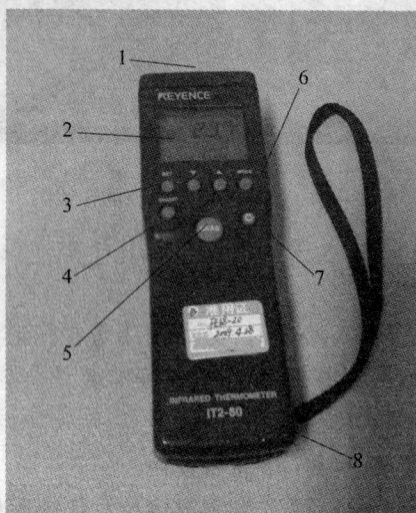

图 2 - 18 红外测温仪
1—传感器；2—液晶显示屏；3—发射率设置按钮；4—开关键；
5—测量按键；6—功能按键；7—背景灯按键；8—仪表壳体。

红外测温仪的制造依据于红外测温的原理。当物体的温度高于绝对零度时，内部热运动的存在，就会不断地向周围环境辐射电磁波，其中包含了波段位于 $0.75\mu m \sim 100\mu m$ 的红外线。在给定的温度和波长下，物体发射的辐射能有一个最大值，这种物质称为黑体，并设定其反射系数为 1；其他的物质反射系数小于 1，称为灰体。黑体的光辐射功率 P 与热力学温度 T 之间满足普朗克定律，红外测温仪

146

根据被测物的红外幅射能量确定其温度,因此它具有快速、非接触和可测目标小等特点。当被测物的红外辐射经红外测温仪传感器检测接收后,转换为电信号,此电信号经电子线路的放大线性化处理,最终由液晶显示器显示出被测温度值。

2. 常用规格

常用测温量程为 $0 \sim 1800℃$,但这不能由一种型号的红外测温仪来完成。每种型号的红外测温仪都有自己特定的测温范围,例如,有 $0 \sim 400℃$, $0 \sim 800℃$ 等量程。因此,考虑被测温度范围一定要既准确、周全,又不要过窄,也不要过宽。

准确度:1% ;可重复性:0.5% 。

3. 主要用途

红外测温仪主要用于生产线上在线非接触检测零部件的表面温度、汽车表面烤漆测温、设备轴承等部件过热温度检测、化学药品发热温度检测等。

例如,在设备的异常发热检测管理方面,红外测温仪有独特的作用。用红外测温仪,可连续诊断电子发热问题和通过查找在 DC 电池上的输出滤波器连接处的热点,以检测不间断电源(UPS)的功能状态,还可检验电池组件和功率配电盘接线端子,开关齿轮或保险丝连接异常,防止能源消耗;由于松动的连接器和组合会产生热,红外测温仪有助于识别回路中断器的绝缘故障;日常扫描变压器的热点,可探测开裂的绕组和接线端子。

(二) 使用方法

1. 检查外观

仪表的外形结构应完好。仪表的名称、型号、规格、测量范围、分度号、制造厂名(或商标)、出厂编号、制造年月等均应有明确的标记。仪表按钮、面板等不应松动、破损;液晶显示屏显示数字清晰、稳定,数字指示面板不应有影响读数的缺陷。

2. 测量方法

(1) 选择合适测温范围的红外测温仪,测量量程既不能过窄,也不能偏大,否则产生误差。例如,被测对象的工艺温度为360℃,可选择量程为 -20℃ ~500℃的红外测温仪,这样就使被测对象的温度值在红外测温仪量程的20% ~80%之间,红外测温仪就能处于较好的测量性能状态。

（2）开机,按下电源开关键,待显示稳定后设置发射率和距离。

（3）确定合适的测量距离及距离系数(图2 - 19)。距离系数由 $D:S$ 确定,即红外测温仪探头到目标之间的距离 D 与被测目标直径 S 之比,一般为12:1。

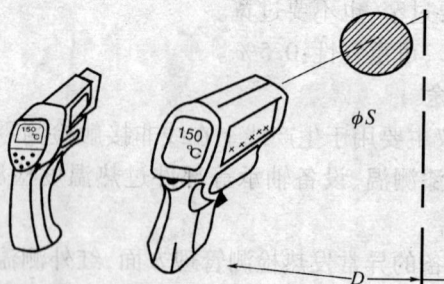

图2 - 19　红外测温仪测量示意图

（4）确定被测物体的红外发射率,按下仪器的发射率设置按钮设定键,按仪器指示设定发射率。

红外测温仪是按黑体分度的,而实际上,被测物体的发射率都小于1.00,因此,要测出目标的真实温度值,需按厂家说明书设置好发射率,发射率见表2 - 2。

表2 - 2　部分物质的发射率

物质	发射率	物质	发射率	物质	发射率
不锈钢及铝材	0.2 ~0.3	铁氧化物	0.78	铜氧化物	0.78
水　泥	0.96	混凝土	0.94	木炭	0.96
沥　青	0.90	泥　土	0.92	塑料	0.85 ~0.95
布(黑色)	0.98	漆　器	0.8 ~0.96	人体皮肤	0.98

（5）测量温度。将红外测温仪的传感器对准被测物体,按下测量按键,红外测温仪显示出温度值。

（三）使用保养注意事项

（1）必须准确设定被测物质的发射率。

（2）红外仪要垂直对准被测物质表面,任何情况下,角度都不能超过30°。

（3）不能透过玻璃测温。

（4）避开周围高温物体的影响。

（5）确定准确的距离系数,且被测目标的直径必须充满视场。

（6）当红外测温仪突然处于环境温度差大于或等于20℃或更不稳定的情况下,应将温度稳定平衡后再测试;否则,测量数据不准确。

（7）红外测温仪易受环境影响,因此测量时尽可能避开能见度不好的时段,在相同的时间及相同的光线和能见度情况下复核。

（8）红外测温仪的缺点是只限于测量物体的外部温度,不能测定物体的内部温度,对于透明材料,环境温度应低于被测物体温度。

（9）对于光亮或抛光的金属表面的测温读数有一定的波动,应选择不光亮的点进行测量。

（10）严格按计量器具周期检定计划送检,检定合格后才能使用。

六 玻璃液体温度计

（一）结构原理、规格、用途

1. 结构原理

玻璃液体温度计简称玻璃温度计,主要由玻璃棒（由硅硼玻璃或石英玻璃制成）、感温泡、液柱、毛细管、刻度及安全泡组成,如图2－20所示。

测温原理是,利用玻璃感温泡内的测温物质（水银或酒精,酒精

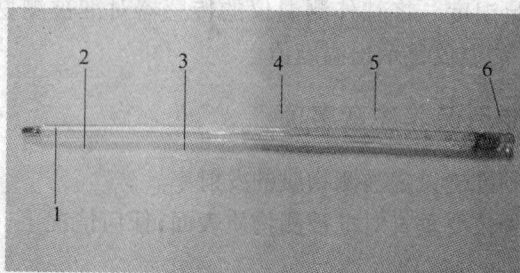

图 2 - 20　玻璃温度计的外观及结构
1—玻璃棒；2—感温泡；3—液柱；4—毛细管；
5—刻度；6—安全泡。

式玻璃温度计如图 2 - 21 所示）受热膨胀使液体体积增大与玻璃体积变化之差来测量温度的。温度计的示值就是测温物质的体积与玻璃体积变化的差值。

酒精液体

图 2 - 21　酒精式玻璃温度计,测温物质为红色

2. 常用规格

按不同准确度,可分为精密玻璃温度计和普通玻璃温度计。精密温度计的量程为 - 100℃ ~ + 500℃,分度值为 0.1℃、0.2℃、0.5℃、1℃;普通温度计的量程为 - 100℃ ~ + 600℃,分度值为 0.5℃、1℃、2℃、5℃、10℃。

3. 主要用途

在工厂,玻璃温度计通常用于测量油槽、碱槽水槽中的介质和热处理淬火液、冷冻液等介质以及低温干燥箱的温度,被测温度不允许超过玻璃温度计的上限温度。

（二）使用方法

1. 检查外观

玻璃温度计的玻璃应光洁透明,不得有裂纹及影响强度的缺陷。玻璃温度计的标尺范围内不得有影响读数的缺陷;毛细管不得有显见的弯曲现象,其孔径应均匀。正面观察温度计时,液柱应有最大的宽度。毛细管与感温泡及安全泡连接处均应呈圆滑弧形,不能有缩颈现象。管壁内应清洁无杂质。液柱不得中断、不得倒流(真空的除外),上升时不得有显见的停止或跳跃现象,下降时不得在管壁上留有液滴或挂色。

2. 测量方法

（1）测量过高或过低温度时,首先要预热玻璃温度计或预冷玻璃温度计,以免炸裂。

（2）温度计必须有足够的插入深度,例如,全浸式温度计在测量时应尽量将液柱部分全部浸入被测介质中。

（3）温度计插入被测介质时,要稳定一段时间后才能读数。

（4）温度计应当竖直测量。

（5）读数时,眼睛要与液面垂直。使用水银式玻璃温度计读数时,要读凸面最高点的读数;使用酒精式玻璃温度计读数时,要读凹面最低点的温度。

（三）使用保养注意事项

（1）玻璃温度计用后应擦净,放入防振盒内。

（2）当使用水银式玻璃温度计时,一旦不小心摔碎,水银(汞)液滴洒落地上,应立即将水银液滴扫尽,倒入下水道冲走,同时,开窗通风消除有毒的汞蒸气。若有硫磺(药店有售),撒入使之形成稳定的硫化汞,就不会产生有毒的汞蒸气。

（3）严格按计量器具周期检定计划送检,检定合格后才能使用。

七 压力式温度计

（一）结构原理、规格、用途

1. 结构原理

压力式温度计是利用蒸气压测量温度的一种膨胀式温度计。工作原理：在压力式温度计的温包内填充易挥发的液体（填充液体的体积约占其2/3），使密封容积其余部分成为这种液体的饱和蒸气。通过测量饱和蒸气压就可以测量被测温度。

压力式温度计由弹簧式压力计、温泡、毛细管等组成，如图2-22所示。

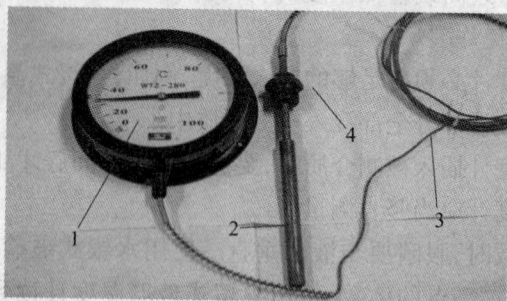

图 2-22 压力式温度计的外观与结构
1—压力计；2—温泡；3—毛细管；4—活动螺母。

2. 常用规格

压力式温度计测温范围：0～100℃；20℃～120℃。

精度等级：1.5级。

防爆等级：dⅡBT4、dⅡCT5、dⅡBT6、dⅡCT6。

绝缘等级：F级。

环境温度：-20℃～45℃。

3. 主要用途

压力式温度计适用于测量距离在20m内的液体、气体和蒸汽的温度。根据其所测介质的不同,又可分为普通型和防腐型。普通型适用于不起腐蚀作用的液体、气体和蒸汽;防腐型采用全不锈钢材料,适用于腐蚀性液体和气体。

(二)使用方法

1. 检查外观

温度计表头用的保护玻璃或其他透明材料应透明,不得有妨碍正确读数的缺陷或损伤;各部件应装配牢固,不得松动,不得有锈蚀,不得有显著腐蚀和防腐层脱落现象。温度计表盘上的刻度、数字和其他标记应完整、清晰、准确。电接点温度计还应在表盘或外壳上标明接点额定功率、接点最高电压、交流或直流最大工作电流,接地端子有接地标记。

2. 测量方法

(1)选配仪表。根据被测工艺参数的温度值选择压力式温度计。选择原则:温度计经常的工作温度应在测量范围的 $1/2 \sim 3/4$ 处。压力温度计的温泡不能承受过载,不允许测量最大值超过仪表量程的使用。

(2)合格使用。使用前应先检查温度计的合格证有效期,应使用合格温度计。

(3)垂直安装。温度计应垂直安装于没有震动的安装板上;安装时,毛细管应引直,每隔不大于 300mm 的距离用扎头固定起来。

(4)安装时不能弯曲折叠。压力式温度计的毛细管不能承受挤压,并注意保持毛细管的畅通,不能折叠弯曲。毛细管安装时,弯曲半径不得小于 50mm,如图 2 - 23 所示弯曲圆圈,以便使温泡中产生的压力迅速传至弹簧压力计,指示出温度。

(5)温泡插入。安装(安装螺母 M33 ×2 或 M27 ×2)时,将温泡(图 2 - 23)全部插入被测介质中,并尽可能达到最大深度,避免因插入深度不够导致误差。

(6)水平测量。弹簧压力计与温泡应保持在同一水平线上,以

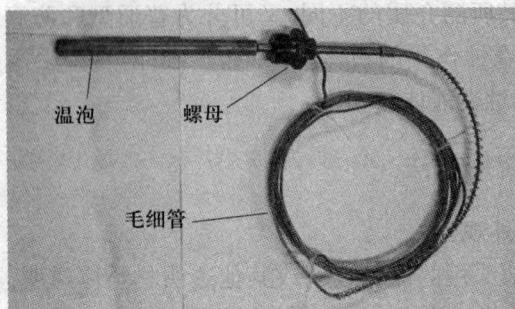

图 2 - 23　温泡和毛细管及活动螺母

减少由于静液柱作用带来的压力变化所产生的附加误差。

（7）测量读数。当温度计指针稳定下来后，眼睛垂直于压力式温度计玻璃表面读数，所读数据即为所测的温度值。

（三）使用保养注意事项

（1）压力式温度计应使用于周围空气温度为 - 10℃ ~ + 55℃ 和相对湿度不大于 80% 的环境中。

（2）被测温度值位于仪表量程的 3/4 左右较佳。

（3）注意保持毛细管的畅通，不能折叠弯曲。一旦毛细管出现折断、漏出压力介质，工厂的条件下一般无法修复，会导致整只仪表不能使用，所以特别禁止折叠弯曲。包括送检，运输都得注意不能弯折。

（4）温度计应避免震动、冲击。

（5）严格按计量器具周期检定计划送检，检定合格后才能使用。

八　便携式数字温度仪

（一）结构原理、规格、用途

1. 结构原理

便携式测温仪由仪器外壳、液晶显示器、集成温度平衡处理电路、手持式热电偶、补偿导线等组成，如图 2 - 24 所示。

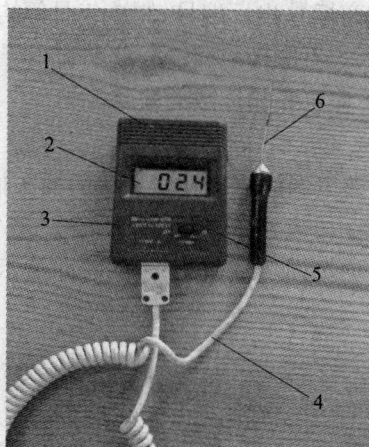

图 2 - 24　便携式测温仪

1—仪器外壳；2—液晶显示器；3—集成温度平衡处理电路；

4—补偿电线；5—电源开头；6—手持式热电偶。

热电偶接触被测物体表面后就产生热电势，该热电势输入集成温度平衡电路放大、平衡处理，其差值即为被测对象温度值，通过液晶显示器显示出来。

2. 常用规格

便携式温度仪常用规格：$0 \sim 300℃$；$0 \sim 500℃$；$0 \sim 800℃$；$0 \sim 1000℃$；$0 \sim 1100℃$。

分辨率：$1℃$。

反应时间：金属表面约 10s。基本误差：满量程的 ±1%

3. 主要用途

便携式测温仪主要测量设备、零件、设施狭缝处温度，以及土壤、气体及液体等被测物体的温度。

（二）使用方法

1. 检查外观

仪表的外形结构应完好。仪表的名称、型号、规格、测量范围、分

155

度号、制造厂名(或商标)、出厂编号、制造年月等均应有明确的标记。仪表电源开关、面板等不应松动、破损;液晶显示屏显示数字清晰、稳定,数字指示面板不应有影响读数的缺陷。

2. 测量方法

(1)将手持式热电偶的连接补偿导线的插头插入便携式测温仪插座,如图 2 - 25 所示。

(2)将电源开关拨向"ON"(开),仪器即显示室温,如图 2 - 25 所示。

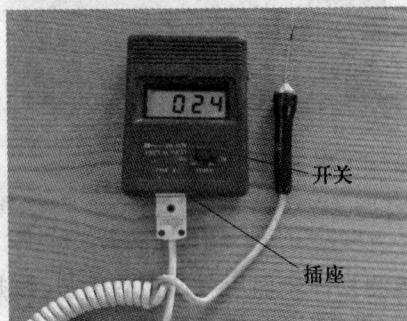

图 2 - 25 便携式测温仪

(3)将手持式热电偶插入被测介质(水或油)中,待示值稳定后读数,该数据即为被测温度值。

(三) 使用保养注意事项

(1)手持式热电偶插入被测介质(水或油)中,侵没深度一般应为总长度的 1/3 以上,这样测量最精确。

(2)不允许将手持式热电偶与工具、杂物混放,严防重物压迫手持式热电偶使之变形。

(3)严禁折弯热电偶,这将使热电偶损坏或短路。

(4)轻拿轻放,定置管理;防水、防尘。

(5)严格按计量器具周期检定计划送检,检定合格后才能使用。

九 半导体点温计

（一）结构原理、规格、用途

1. 结构原理

半导体点温计由指示机构、调整开关、电桥线路和感温元件（热敏电阻）构成，如图 2-26 所示。

图 2-26 半导体点温计

1—仪器开关；2—置零校正器；3—满度调节器；

4—感温元件；5—指示表头；6—机械零位器。

工作原理：半导体点温计电路中，当热敏电阻与电桥电阻 R_{12} 与 R_4 所组成的电桥电路，因热敏电阻温度升高而至电阻值降低，电桥桥路电流出现不平衡，其差值电流流过磁电式表头而带动指针偏转，指针即指示出了被测温度值。

2. 常用规格

半导体点温计的规格、最小分度及允许误差见表 2-3（以某仪表厂出品的 7151 型半导体温度计为例）。

表 2－3　半导体点温计的规格最小分度及允许误差

型号	测温规格/℃	最小分度/℃	允许误差/℃	量程挡数
7151－1	－50 ~ ＋50	1	±1	2
7151－2	0 ~ ＋50	0.2、0.5、1	±(0、2 ~ 1)	1 ~ 3
7151－3	0 ~ ＋100	1	±1	2
7151－4	0 ~ ＋200	2	±2	2
7151－5	0 ~ ＋300	2	±3	2 ~ 3
7151－6	200 ~ 600	5	±5	3
7151－7	－80 ~ ＋40	1	±2	2
7151－8	－50 ~ ＋100	1	±2	2

其感温元件(玻璃体或附金属保护套)直径 4mm,长度有 100mm、150mm 两种。元件形式分密封和外露式两种。引线长约 3m。

3. 主要用途

半导体点温计主要用于测量设备和轴承等零部件,以及土壤、液体等被测物体的表面温度。

(二)使用方法

1. 检查外观

半导体点温计的外形结构应完好。仪表的名称、型号、规格、测量范围、分度号、制造厂名(或商标)、出厂编号、制造年月等均应有明确的标记。仪表的开关、面板及感温元件等不应松动、破损;指针无弯曲、移动无阻碍,仪表刻度应清晰,表头指示面板不应有影响读数的缺陷。

2. 测量方法

(1) 调整零位。半导体点温计应平放测量,使用前调机械零位,将开关拨至"零"处;使用时,打开仪器开关,将开关置"1",调整仪表面盖上的置零校正器,使指针指零,即起始刻线与指针重合。

(2)调整满刻度。将右面开关转到"2"处,旋转"满度"电位器调整电压,使指针与满刻度线重合(一个量程的情况下)。若采用多量程仪表,首先确定测温范围;然后确定左面开关量程数;再将右面开关转向"满"处,调整指针至满刻度刻线重合。

(3)测量温度。将感温元件轻轻接触被测部位,然后将右面开关由"2"转向"3",电表指针迅速移动,待稳定,即是被测部位的温度值。

(4)仪表置零。测温结束后,将右面开关由"3"转向"0",切断电源,避免引起电表过载,影响精度,延长电池使用期。

(三) 使用保养注意事项

(1)半导体热敏电阻感温元件(外露式)采用玻璃封结,在测温和放置过程中应防止与较硬物体发生碰撞,以免撞碎感温元件(常见易碎的玻璃热敏电阻),从而损坏整台仪器。

(2)点温计用后,应立即将外露感温元件玻璃头用防护套套住,不允许随便摆放,以免磕碰,防止震动损坏。

(3)当调整满刻度而电压不够使用时,应调换4号电池,装夹电池时注意正、负极,不要装反。

(4)由于每台感温元件电阻特性不同,因此使用时不能随意将感温元件相互调换使用,这将导致测量严重不准确,最大误差可高达几十摄氏度。

(5)半导体点温计不应在高电压、大电流及强磁场下使用,以免损坏或发生触电危险。

(6)半导体点温计不应放置在有腐蚀性气体及潮湿环境下使用,以免损坏仪表。

(7)严格按计量器具周期检定计划送检,检定合格后才能使用。

第三部分　力学计量器具

一　弹簧管式压力表

（一）结构原理、规格、用途

1. 结构原理

弹簧管式压力表简称压力表，压力表由仪表外壳、指针、刻度表盘、及螺纹铜接头组成，如图 3－1 所示。

图 3－1　弹簧管式普通压力表
1—仪表外壳；2—指针；
3—刻度表盘；4—螺纹铜接头。

仪表测压系统结构原理：压力表内部有密封的弹簧管（图 3－2），直接焊接在紧固于表壳内的接头上，由于被测压力的作用，使弹簧管变形，末端产生位移，借助连杆带动扇形齿轮，并使转轴齿轮端部的指针旋转，在表盘上指示出相应的压力值。

图 3 - 2　压力表内部结构及零件

1—弹簧管；2—扇形齿轮；3—连杆；

4—转轴；5—游丝；6—夹板。

2. 常用规格

常用测量量程:0 ~ 0.06MPa;0 ~ 0.1 MPa;0 ~ 0.4 MPa;0 ~ 0.6 MPa;0 ~ 1 MPa;0 ~ 1.6 MPa;0 ~ 2.5 MPa;0 ~ 4 MPa;0 ~ 6 MPa;0 ~ 10 MPa;0 ~ 16 MPa;0 ~ 25 MPa;0 ~ 40 MPa;0 ~ 60 MPa;0 ~ 250 MPa。

精度等级:1 级、1.5 级、2.5 级。

基本允许误差:测量上限值的 ±1%、±1.5%、±2.5%。

3. 主要用途

压力表适合工业上用于测量对钢或铜合金无腐蚀性、无爆炸性且无结晶、不凝结等性质的液体、气体和蒸汽的压力。例如,广泛用于测量锅炉内蒸汽压力的高低,是锅炉三大安全附件之一,司炉工根据压力表的指示压力来调节锅炉的燃烧,以保证用气部门的要求和锅炉的安全运行。再如,压力表还大量用于测量设备的润滑油压力或冷却水压力。

(二) 使用方法

1. 检查外观

压力表表头用的保护玻璃应透明,不得有妨碍正确读数的缺陷或损伤;各部件应装配牢固,不得松动,不得有锈蚀,不得有显著腐蚀和防腐层脱落现象。表盘上的刻度、数字和其他标记应完整、清晰、准确。若是电接点压力表(图 3 - 3),还应在表盘或外壳上标明:接点额定功率、接点最高电压、交流或直流最大工作电流;接地端子有接地标记。

电接点压力表是在普通弹簧管压力表上加装一套高、低限电接点装置构成的,如图 3 - 3 所示。它不但能随时测量被测介质的压力变化,还能将被测介质保持在一定的压力范围内,当被测压力超过设定范围时,能自动发出报警信号,并带动继电器控制机构,使被测介质的压力自动保持在上、下限给定值的范围内。

图 3 - 3 电接点压力表的外观

2. 测量方法

(1)按盘面垂直放置安装压力表。

(2)选择量限。压力表测量静荷压力时,不得超过测量上限的 3/4,测量动载荷时,不得超过测量上限的 2/3,但在两种情况下最低压力都不应低于测量上限的 1/3(选用仪表也应根据此条确定),常用区域如图 3 - 4 所示。

(3)测量读数。压力表安装好后,通入压力介质(如润滑油、水、压缩空气等)仪表显示。

应垂直于表面读数,不应倾斜读数,否则会产生读数误差。

图 3 – 4　压力表常指示区域示意

（三）使用保养注意事项

（1）每班检查仪表有无损坏或超载（指针超过仪表最大刻度）、不稳定示值等可疑情况，如有异常应拆下送修理，修复后检定，合格使用。若是使用电接点压力表，还要用万用表经常检查接点能否正确通断。

（2）振动处安装耐震压力表（图 3 – 5）。若压力表安装的位置震动较大，就不能安装普通压力表，普通压力表的指针将随震动而剧烈摆动无法指示压力值，而应安装耐震压力表，耐震压力表表头内充有油可以防振。

充入的油

图 3 – 5　耐震压力表

（3）压力表在周围环境温度为 -40℃ ~70℃ 的范围内使用。

（4）压力表安装处和测定点间的连接管长不应超过 50m。

（5）压力表安装处和测量点应在同一水平线上，否则产生测量误差。若不在同一水平线上，应加修正值，但与测量气体时无关。

（6）压力表应在外观完好的情况下，自出厂之日起 1 年内使用，若存放超过 1 年，应重新检定使用。

（7）搬运或安装连接时应避免碰撞、损坏压力表。

（8）严格按计量器具周期检定计划送检，检定合格后才能使用。

二　轮胎压力表

（一）结构原理、规格、用途

1. 结构原理

轮胎压力表由手枪式开关气阀、气压表、胶管、轮胎气门接头等构成，如图 3 -6 所示。

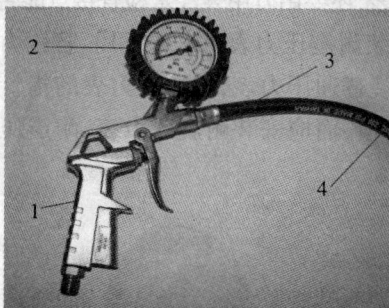

图 3 -6　轮胎压力表

1—手枪式开关气阀；2—气压表；3—胶管；4—气门接头。

轮胎压力表的工作原理：轮胎气压表的气门接头（图 3 -6）卡住轮胎气门时，气门卡口（图 3 -7）便套入轮胎气门并卡住，钢气阀被顶开，轮阀芯即将气流引入，经胶管进入压力表弹簧管引起弹簧变形移动,带动指针指示出轮胎的气压。

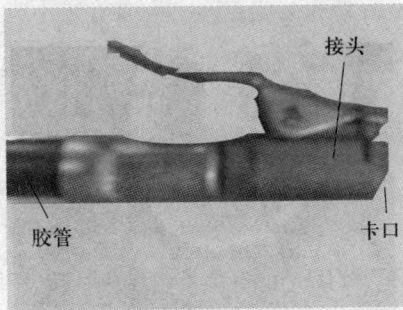

图 3 - 7　轮胎压力表的接头

2. 常用规格

常用轮胎压力表的量程:外圈刻度 0 ~ 0.6MPa;0 ~ 0.8MPa;0 ~ 1MPa 。

0 ~ 1MPa 轮胎压力表,最小分度值 0.01MPa(表的内圈刻度为 0 ~ 140psi,最小分度 2psi)。

3. 主要用途

轮胎压力表主要用于测量汽车、摩托车、自行车等轮胎气压,确保轮胎汽车、摩托车、自行车能在正确的压力下使用。例如,轮胎规格为 195/65R1591V 的小轿车(乘客最多为 4 人)的前轮胎压力一般为 220kPa ~ 240kPa,后轮胎压力一般就为 220kPa ~ 300kPa。

(二) 使用方法

1. 检查外观

轮胎压力表的保护玻璃应透明,不得有妨碍正确读数的缺陷或损伤;各部件应装配牢固,不得松动,不得有锈蚀,不得有显著腐蚀和防腐层脱落现象。

表盘上的刻度、数字和其他标记应完整、清晰、准确。

2. 测量方法

(1) 手持轮胎压力表,正对轮胎气门嘴,找一个较稳定的位置,将轮胎气压表的气门接头（图 3 - 7）套入轮胎的气门杆上,如图 3 - 8 所示。

图 3 - 8　轮胎的气门杆

（2）手持轮胎压力表的气门接头卡口卡住轮胎气门杆,紧按轮胎压力表气门接头,使其与气门杆实现密封,按下开关气阀门,引入气流。

（3）观察气压表读数,读出气压值。

（4）读出气压值时应读出法定计量单位。气压表的外圈（图 3 - 9）黑色数字的法定计量单位为 MPa,1MPa = 1000kPa;内圈数字为非 SI 国际单位制和非法定计量单位,世界上只有美国等极少数国家暂时使用,为磅力每平方英寸（单位符号 psi）,仪表制造厂家为满足人们过去的习惯,仍标出 psi 非法定计量单位作为参考,1psi = 806Pa 。

图 3 - 9　气压表的示意图

(三)使用保养注意事项

(1)读数时,眼睛垂直于仪表表面,不应斜视,以免读数不准确,产生读数误差。

(2)避免磕碰,特别是猛烈撞击仪表,否则将造成损坏。

(3)特别注意选择合适量程,不允许被测对象工艺值在极限值处,否则将损坏仪表。

(4)严格按计量器具周期检定计划送检,检定合格后才能使用。

三 膜盒式压力表

(一)结构原理、规格、用途

1. 结构原理

膜盒式压力表由仪表外壳、刻度盘、指针、金属膜盒、铜螺纹接头组成,如图3-10所示。

图3-10 膜盒压力表

1—仪表外壳;2—刻度盘;3—指针;

4—金属膜盒;5—铜螺纹接头。

工作原理:这种微压计采用金属膜盒(图3-11)作为压力—位移转换元件,在被测气体介质压力作用下,膜盒发生弹性变形,膜盒的自由端产生位移,位移由连杆输出,连杆带动传动机构做偏转,游丝可以消除传动间隙的影响,传动机构即带动指针显示出被测压力的数值。

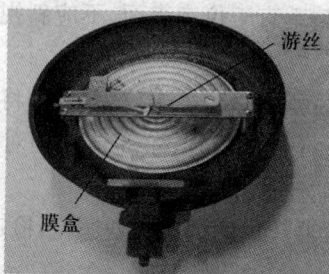

图 3 – 11 金属膜盒及游丝

2. 常用规格

膜盒压力表的常用规格：– 40 kPa ~ 0；– 25 kPa ~ 0；– 16 kPa ~ 0；– 10 kPa ~ 0；– 6 kPa ~ 0；– 4 kPa ~ 0；0 ~ 2. 5kPa；0 ~ 4kPa；0 ~ 6kPa；0 ~ 10kPa；0 ~ 16kPa；0 ~ 25kPa；0 ~ 40kPa；准确度：±2. 5% 。

3. 主要用途

膜盒式压力表主要用于气体介质的微压测量,还可进行二位调节(单限报警)或三位调节(双限报警)。较为广泛地用于锅炉通风和气体管道、燃烧装置等类似设备上。

（二）使用方法

1. 检查外观

膜盒压力表的保护玻璃应无色透明,不得有妨碍正确读数的缺陷或损伤;各部件应装配牢固,不得松动,不得锈蚀,不得有显著腐蚀和防腐层脱落现象。表盘上的刻度、数字和其他标记应完整、清晰、准确。

2. 测量方法

（1）选用仪表。选用量程合适的膜压表,一般被测参数应在膜压表满量程的 1/3 ~ 2/3 之间。

（2）安装仪表。将铜螺纹接头旋入待测螺口,安装好仪表后,通入压力介质,仪表即可使用。

（3）测量读数。待膜盒式压力表读数稳定时再读数,这时的测量值才是准确的。读数时,眼睛垂直于膜压表的刻度面(图 3 - 12),不能斜视,然后再读出测量值。

图 3 - 12　眼睛垂直于表的刻度面

（三）使用保养注意事项

（1）安装地方应当避免震动、高温的影响。

（2）安装及使用中避免磕碰,禁止猛烈撞击仪表。

（3）选择合适量程,不允许被测对象工艺值在极限值处,否则将损坏仪表。

（4）严格按计量器具周期检定计划送检,检定合格后才能使用。

四　扭矩起子

（一）结构原理、规格、用途

1. 结构原理

扭矩起子由螺丝刀、套筒杆、主标尺、副标尺、锁紧螺母和手柄组成,如图 3 - 13 所示。

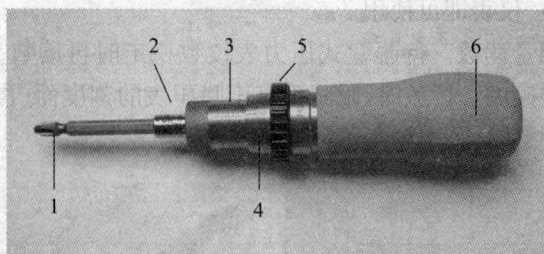

图 3 - 13　扭矩起子
1—螺丝刀；2—套筒杆；3—主标尺；
4—副标尺；5—锁紧螺母；6—手柄。

2. 常用规格

常用的测量量程：0.1N · m ~ 0.5N · m;0.2N · m ~ 1.2 N · m;
0.25N · m ~ 0.3 N · m;0.5N · m ~ 6 N · m;0.75N · m ~ 9 N · m;
1N · m ~ 12 N · m。

示值精度：5%。

3. 主要用途

扭矩起子主要用于测量螺钉的扭矩力。

（二）使用方法

1. 检查外观

扭矩起子的外观应无影响使用性能的缺陷,主副标尺清晰可辨；
副标尺上的"零"刻度应清晰以便对零(图 3 - 14);装上其螺丝刀应
紧密无松旷现象。

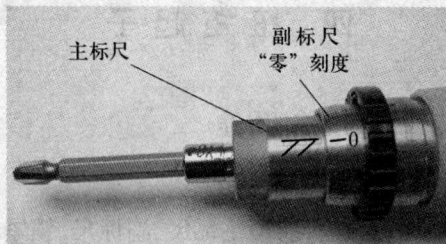

主标尺　副标尺"零"刻度

图 3 - 14　扭矩起子的"零"刻度清晰

2. 测量方法

（1）用前调零。操作时，松开扭矩起子上的锁紧螺母，使绿色箭头（FREE）对准锁紧螺母上面的白点，转动副标尺，能使主副标尺零位重合。

（2）设定扭矩值。手握手柄，设定预置扭矩值，松开锁紧螺母，使绿色箭头（LOCK）对准白点（图3－15）。旋动副标尺至设定工艺扭矩值，然后拧紧锁紧螺母。

（3）使用姿势。使用过程中，手握扭矩起子。使螺丝刀杆与被测螺钉表面保持垂直。

（4）测量扭矩。顺时针旋转，手感有卸力感时或听到轻微的"咔嗒"声，测定扭矩完成。

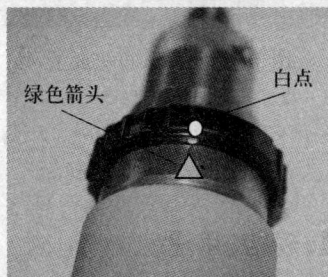

图3－15 设定扭矩值及箭头、白点

（三）使用保养注意事项

（1）每班点检、校验扭矩起子的使用点扭矩值，以保持该使用点的示值精度准确。

（2）避免猛烈撞击，以免损坏扭矩起子。

（3）定置摆放，不与工件混放，避免磕碰。

（4）严格按计量器具周期检定计划送检，检定合格后才能使用。

五　A 型扭矩扳手

扭矩扳手有可调式定值 A 型扭矩扳手(图 3 - 16)、分体式可调定值 B 型扭矩扳手、定值式扭矩扳手、指针式扭矩扳手、电子数显扭矩扳手。下面介绍 A 型扭矩扳手。

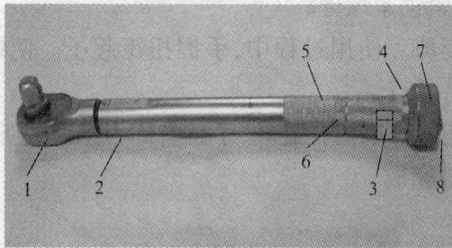

图 3 - 16　A 型扭矩扳手
1—扳手头;2—扳手杆;3—主标尺;
4—副标尺;5—手柄;6—有效加力线;
7—调整轮;8—锁紧手柄。

(一)结构原理、规格、用途

1. 结构原理

A 型预调式扳手(图 3 - 16)是一种具有调整轮装置,可调的定值扭矩扳手,也叫做扭矩扳子,由扳手头、扳手杆、调整轮(图 3 - 17)、主标尺等构成。

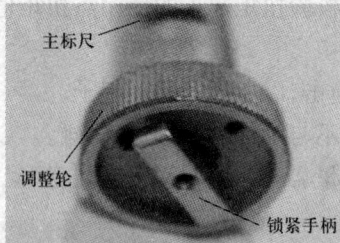

图 3 - 17　扭矩扳手的设定机构

扭矩扳手的工作原理是基于杠杆原理,即扳手头为作用力点和支点,扳手杆为力臂,进行着力,并有设定力矩机构,设定扭矩机构由调整轮、主标尺以及扳手杆内的预置力杆、预置力弹簧(图3-18)等组成。当设定工艺力矩值后,施力至设定工艺力矩值时,扳手发出响声,力值基本稳定显示,即可读数。

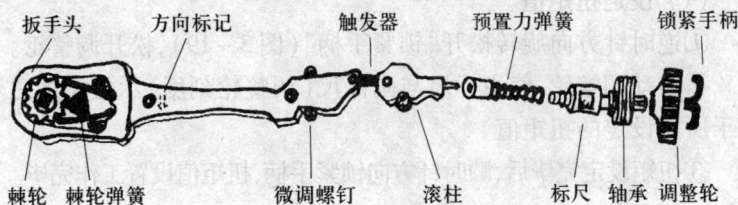

图3-18　扭矩扳手内部构造

2. 常用规格

可调式定值A型扭矩扳手的规格有:1N·m~5N·m(分度值为0.05N·m);3N·m~10 N·m(分度值为0.1N·m);5N·m~22.5N·m(分度值为0.25N·m);15N·m~50 N·m(分度值为0.5N·m);30N·m~100 N·m(分度值为1N·m);50N·m~180 N·m(分度值为1N·m);50N·m~200 N·m(分度值为1N·m);70N·m~230 N·m(分度值为1N·m);90N·m~300 N·m(分度值为1.5N·m);120N·m~400 N·m(分度值为2N·m)。

示值相对误差:准确度1级,为±1.0%;准确度2级,为±2.0%;准确度3级,为±3.0%;准确度4级,为±4.0%;准确度5级,为±5.0%;准确度10级,为±10.0%。

3. 主要用途

A型扭矩扳手用于紧固螺栓和螺母,并能测量出拧紧时的扭矩值。

(二) 使用方法

1. 检查外观

扭矩扳手不应有裂纹、碰伤、锈蚀、毛刺及其他缺陷;带棘轮机构的扭矩扳手,其扳手头在驱动孔内应能平稳转动,无跳动或卡滞现象,锁紧装置应可靠。扳手头上的钢球应活动自如。扭矩扳手上应标明扭矩扳手的名称、型号、准确度级别、制造厂、出厂编号、出厂日期等。定值扳手的正、反面应有箭头标明扭矩的方向。

2. 测量方法

(1)设定扭矩值。

①逆时针方向旋转松开"锁紧手柄"(图3-19),松开调整轮。

②转动调整轮,使主标尺与副标尺(调整轮刻度)示值相加之和等于所需设定的扭矩值。

③扭矩设定完毕后,顺时针方向锁紧手柄,扭矩值设置工作完毕。

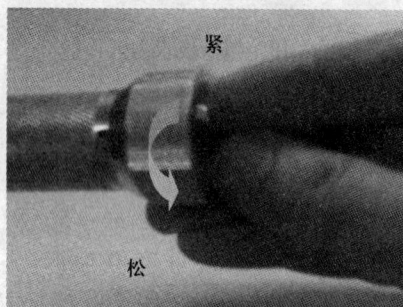

图3-19 松开"锁紧手柄"

(2)将扭矩扳手方榫套入相应尺寸规格的套筒。

(3)将套筒套入螺母或螺栓头上。

(4)手的中心握住"有效加力线"(简称加力线,如图3-20所示)处,顺时针方向均匀施力。

(5)当听到"咔哒"声或感到扳手有卸力感时,即已达到所设定的扭矩值。

(三)使用保养注意事项

(1)当拧长螺栓或油管一类的螺母,扳手套筒无法工作的情况下,此时需要更换扳手头,方法如下:

① 在图3-21所示A处孔内有定位销,用尖销锤压出定位销,

图 3 - 20 手握加力线示意图

沿脱力方向施力,即可取下扳手头。

② 将选取的相应尺寸的开口头插入扳手杆旋转,使定位销压入扳手头小孔内定位即可。

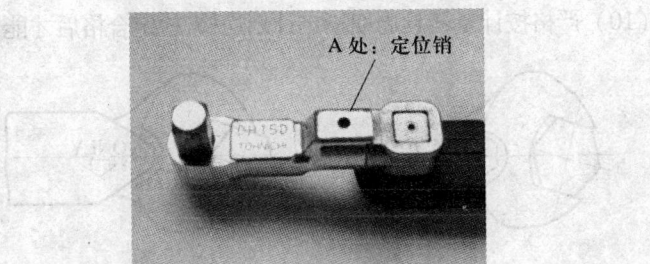

图 3 - 21 扳手定位销

(2) 切勿使用中强烈冲击扭矩扳手。

(3) 严禁将扭矩扳手作为榔头使用,敲击工件。

(4) 扳手报警(到达设定值发出声音或手感有卸力感)时,不允许继续施力。

(5) 使用前应检查扳手头上的箭头是否与施力方向一致(图3 - 22),如果不一致,应将扳手头旋转180°重新安装。

(6) 不允许擅自拆卸扳手内各个部件,以免破坏精度而影响使用。

(7) 预置式扭矩扳手使用后,应把扭矩值调至零位,以保持精度,延长扳手使用寿命。

(8) 调试孔仅供计量人员专用,其他操作人员不能调试,以免发

图 3 - 22　扭矩扳手的施力方向

生较大误差。

（9）当使用开口扳手来拧紧螺母时,应正确对准扭矩扳手开口和螺母平面尺寸,应将螺母放到扭矩扳手开口处的底部,过多的间隙会损坏螺母表面,如图 3 - 23 所示。

（10）严格按计量器具周期检定计划送检,检定合格后才能使用。

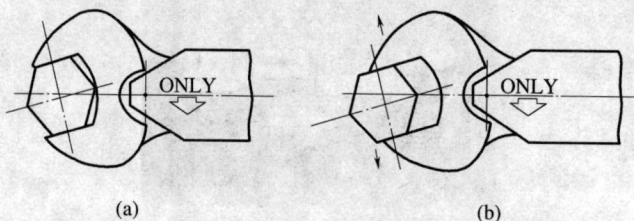

(a)　　　　　　　　　　　　　(b)

图 3 - 23　使用开口扳手时将螺母放入开口底部示意

(a)合格；(b)不合格:扩大了开口宽度。

六　B 型(分体式)扭矩扳手

（一）结构原理、规格、用途

1. 结构原理

B 型扭矩扳手是结构上采用分体连接的扭矩扳手,由扳手头、定位销、对接套筒部件、手柄、主标尺及调节螺栓组成,如图 3 - 24 所示。

扭矩扳手的工作原理是基于杠杆原理,即扳手头为作用力点和

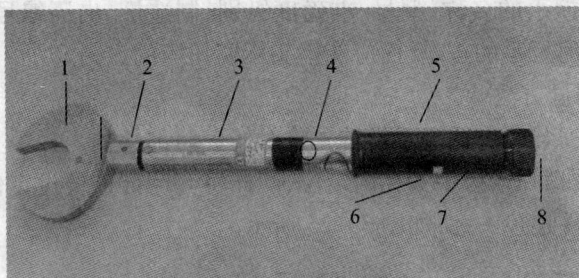

图 3 - 24　B 型扭矩扳手

1—扳手头；2—定位销；3—对接套筒部件；4—定位销；

5—手柄；6—主标尺；7—副标尺；8—调节螺栓。

支点,扳手杆为力臂进行着力。当施力至定值点时,扳手发出响声,力值基本稳定显示,即可读数。

2. 常用规格

B 型扭矩扳手的常见规格:1N · m ~ 5N · m;2N · m ~ 10N · m;5N · m ~ 25 N · m;10N · m ~ 50 N · m;20N · m ~ 100 N · m;40N · m ~ 200 N · m;60N · m ~ 300 N · m 等规格。

示值相对误差:准确度 1 级,为 ± 1.0%;准确度 2 级,为 ± 2.0%;准确度 3 级,为 ± 3.0%;准确度 4 级,为 ± 4.0%;准确度 5 级,为 ± 5.0%;准确度 10 级,为 ± 10.0%。

3. 主要用途

扭矩扳手是一种带有扭矩计量机构的扳手,它用于紧固螺栓、螺钉和螺母,并能确定拧紧时的扭矩值。B 型扭矩扳手一般用于扭矩较大或部位不同、长短位置变化较大的螺栓、螺母扭矩测定,分体连接便于携带。

（二）使用方法

1. 检查外观

扭矩扳手不应有裂纹、碰伤、锈蚀、毛刺及其他缺陷;带棘轮机构的扭矩扳手,其扳手头在驱动孔内应能平稳转动,无跳动或卡滞现象,调节装置应可靠。扳手头上的钢球应活动自如。扭矩扳手上应标明扭矩扳手的名称、型号、准确度级别、制造厂、出厂编号、出厂日期等。定值扳手的正、反面应有箭头标明扭矩的方向。

2. 测量方法

（1）安装分体式扳手。首先将对接套筒部件插入扳手头孔并旋转，使定位销弹入扳手头孔内定位，同样将套筒部件通过定位销与对接套筒部件连接一起，如图 3 − 25 所示。

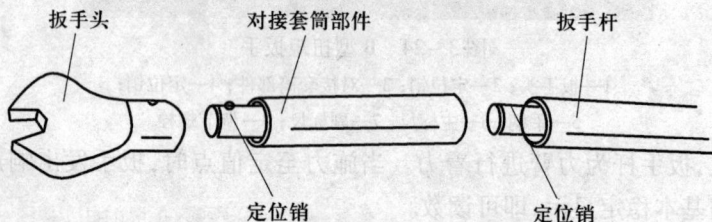

图 3 − 25　分体式扭矩扳手安装示意图

（2）设定扭矩值。对带后盖式扭矩扳手（见图 3 − 26），采用下述步骤：

① 压下后盖定位销，取下后盖。

② 转动调节手柄使主标尺的示值与副标尺的示值相加之和等于所需设定的扭矩值。

③ 装上后盖，使其上的定位销弹入后盖孔内即可。

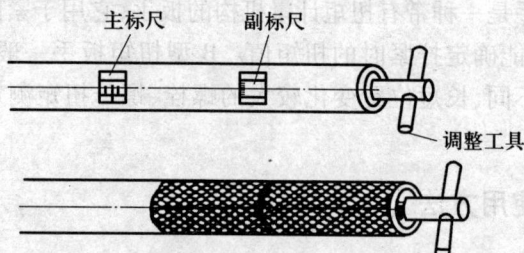

图 3 − 26　设定扭矩值示意图

（3）带调整轮扭矩扳手，扭矩值设定方法与 A 型扭矩扳手相同。

（4）将扭矩扳手方榫套入相应尺寸规格的套筒。

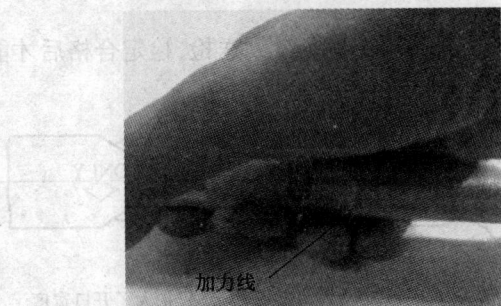

图3-27 手握加力线示意图

（5）将套筒套入螺母或螺栓头上。

（6）手的中心握住"有效加力线"（简称加力线，如图3-27所示）处，顺时针方向均匀施力。

（7）当听到"咔哒"声或感到扳手有卸力感时，即已达到所设定的扭矩值。

（三）使用保养注意事项

（1）使用时切勿强烈冲击扭矩扳手。

（2）严禁把扳手当作榔头使用敲击工件。

（3）扳手报警（到达设定值发出声音或手感有卸力感）时，不允许继续施力。

（4）使用前应检查扳手上的箭头是否同施力方向一致，如果不一致应将扳手旋转180°后重新安装。

（5）不允许自行拆卸扳手内部各个部件，以免破坏精度而影响使用。

（6）预置式扭矩扳手使用之后，应将扭矩值调至零位，以保持精度，延长扳手使用寿命。

（7）调校孔只能由计量人员或车间专业人员使用。

（8）在拧紧螺母时，应正确对准扭矩扳手开口和螺母平面尺寸，应将螺母放到扭矩扳手开口处的底部,过多的间隙会损坏螺母表面,如图 3 – 28 所示。

（9）严格按计量器具周期检定计划送检,检定合格后才能使用。

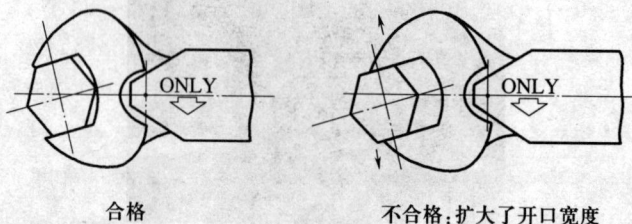

合格　　　　　　　不合格:扩大了开口宽度

图 3 – 28　使用开口扳手时将螺母放入开口底部示意

七　定值式扭矩扳手

（一）结构原理、规格、用途

1. 结构原理

定值式扭矩扳手由扳手头、方向标记、镀铬钢管外壳、手柄以及微调扭矩定值机构组成,如图 3 – 29 所示。

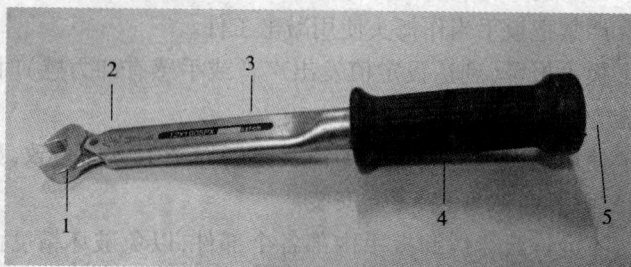

图 3 – 29　定置式扭矩扳手

1—扳手头；2—方向标记；3—镀铬钢管外壳；

4—手柄；5—微调扭矩定置机构。

定值式扭矩扳手的显著特征表现在与 A 型和 B 型扭矩扳手不

同,没有可见的主、副标尺。

2. 常用规格

常见的规格有 1 N·m ~ 5 N·m(方榫 6.3mm × 6.3mm);
2 N·m ~ 10 N·m(方榫 10mm × 10mm);5 N·m ~ 25 N·m(方榫
10mm × 10mm);10 N·m ~ 50 N·m(方榫 10mm × 10mm);20 N·m ~
100 N·m(方榫 12.5mm × 12.5mm);40 N·m ~ 200 N·m(方榫
12.5mm × 12.5mm)。

示值相对误差:准确度 1 级,为 ±1.0%;准确度 2 级,为
±2.0%;准确度 3 级,为 ±3.0%;准确度 4 级,为 ±4.0%;准确度 5
级,为 ±5.0%;准确度 10 级,为 ±10.0%。

3. 主要用途

定值式扭矩扳手是一种带有扭矩计量机构的扳手,它用于紧固
螺栓、螺钉和螺母,并能通过扭矩校准仪来确定拧紧螺栓、螺母时的
扭矩值。

(二) 使用方法

1. 检查外观

定值式扭矩扳手不应有裂纹、碰伤、锈蚀、毛刺及其他缺陷;带棘
轮机构的扭矩扳手,其扳手头在驱动孔内应能平稳转动,无跳动或卡
滞现象,锁紧装置应可靠。扳手头上的钢球应活动自如。扭矩扳手
上应标明扭矩扳手的名称、型号、准确度级别、制造厂、出厂编号、出
厂日期等。定值扳手的正、反面应有箭头标明扭矩的方向。

2. 测量方法

(1) 扭矩值的设定。由于该种类的扳手没有标尺,因此必须在
相应的规格的扭矩扳手检定仪上进行对标来设定扭矩值。

根据使用情况,需要重新设定扭矩值时,可按以下步骤进行:

① 使用普通型定值扭矩扳手。

a. 用尖锥插入后盖孔(图 3 - 30),逆时针方向旋转取下后盖。

b. 用普通一字螺丝刀松开锥形螺钉,根据扳手的起始扭矩值

（通过扭矩扳手检定仪可测到），旋进（扭矩值增大）或旋退（扭矩值

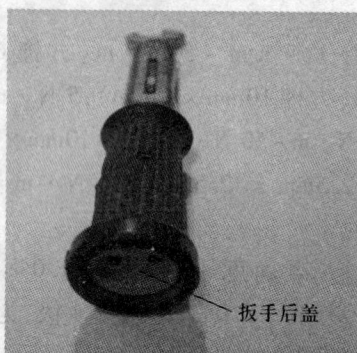

图 3-30　取下扳手后盖，设定扭矩值

减少）调整螺栓组件，通过将扳手装上扭矩校正仪进行校验，即可重新将扭矩扳手设定到工艺所需要的扭矩值。

　　c. 旋紧锥形螺钉，旋转装拧上扳手的后尾盖。

　　② 使用带调试杆附件的定值扭矩扳手。

　　a. 逆时针方向旋转取下后盖。

　　b. 将调式杆组件插入圆柱销内（注意不要拧松锥形螺钉），通过旋进（扭矩值增大）或旋退（扭矩值减小）调整螺栓组件来设定扭矩值，通过扭矩扳子检定仪校验，即可重新将扭矩扳手设定到工艺所需要的扭矩值。

　　c. 旋转装拧上后尾盖。

　　（2）测定扭矩：

　　①手持定值扭矩扳手。

　　②将扳手开口套入螺栓头上，顺时针方向均匀施力，当扳手打滑并发出"咯噔"声或扳手有卸力感时，说明已达到设定的扭矩值。卸掉旋加的力，扳手自动复位，以便进行下一次操作。

　　（3）当紧固左螺纹时，将扳手头反装即可，施力方向仅按箭头方向。

　　（4）拧长螺栓或油管一类的螺母，套筒无法工作时，使用时需要

更换扳手头,更换方法如下:

① 在图 3 - 31 所示的 A 处压下定位销,沿脱力方向旋力,即可取下扳手头。

② 将选取的相应尺寸的扳手头插入扳手杆,使定位销弹入扳手头小孔内定位即可。

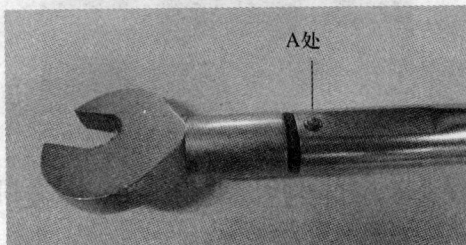

图 3 - 31　定值扭矩扳手的定位销

(三) 使用保养注意事项

(1) 使用过程中切勿强烈冲击扭矩扳手。

(2) 严禁将扭矩扳手当作榔头使用,敲击工件。

(3) 扭矩扳手力矩到达设定值,发出"咯噔"报警声或手感有卸力感时,不允许继续施力。

(4) 不要自行拆开扭矩扳手内部各个部件,以免破坏扳手精度而影响使用,有故障或示值有疑问时应送计量人员检查。

(5) 使用前应检查扳手上的箭头是否与施力方向一致,如不一致,应将扳手头旋转 180°,重新安装。

(6) 在拧紧螺栓或螺母时,施力方向应与螺栓或螺母轴线垂直,角度不超过 ±15°。

(7) 普通型定值扭矩扳手应避免频繁更换设定值,以免造成锥形螺钉的损坏,最好在扳手需要检定的时候更换设定值。

(8) 手握在扭矩扳手手柄的"有效加力线",如图 3 - 32 所示,否则,会造成扭矩测量误差。

(9) 在拧紧螺母时,应正确对准扭力扳手开口和螺母平面尺寸,

183

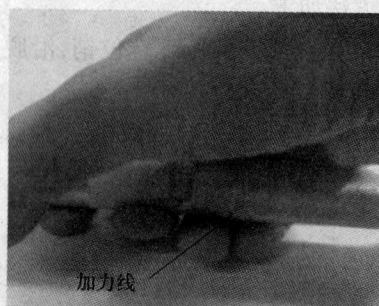

图 3 – 32　手握加力线示意图

应将螺母放到扭力扳手开口处的底部,过多的间隙会损坏螺母表面,如图 3 – 33 所示。

（10）严格按计量器具周期检定计划送检,检定合格后才能使用。

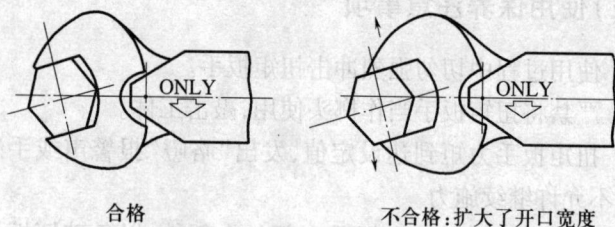

合格　　　　　　　　　　不合格:扩大了开口宽度

图 3 – 33　使用开口扳手时将螺母放入开口底部示意

八　指针式扭矩扳手

（一）结构原理、规格、用途

1. 结构原理

指针式扭矩扳手由扳手头、扳手杆、扳手手柄、指示表头等组成,如图 3 – 34 所示。

指针式扭矩扳手的工作原理是基于杠杆原理,扳手头为作用力

184

点支点,扳手杆为力臂进行着力,当施力开始时,力值通过指针指示系统,指针指示出力值的数据。

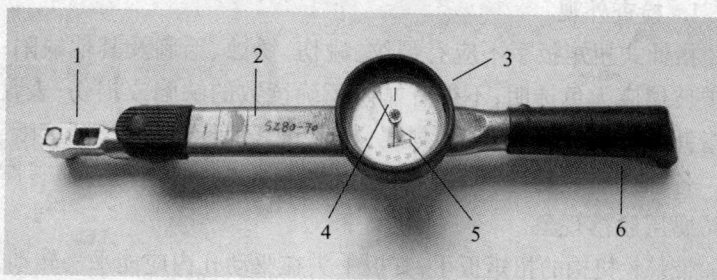

图 3 - 34　指针式扭矩扳手的外观及结构

1—扳手头；2—扳手杆；3—指示表头；4—指示主针；5—重针；6—扳手手柄。

2. 常用规格

指针式扭矩扳手力矩规格有 0～30 N・m,方榫(图 3 - 35)尺寸为 10mm × 10mm；0～100 N・m,方榫尺寸为 12.7mm × 12.7mm；100N・m～300 N・m,方榫尺寸为 12.7mm × 12.7mm。

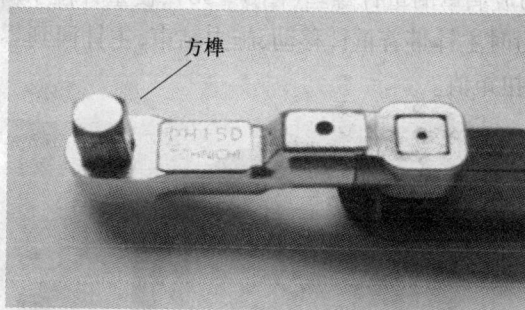

图 3 - 35　指针式扭矩扳手的方榫

指针式扭矩扳手力矩精度为 ±3% 。

3. 主要用途

指针式扭矩扳手是一种带有主针和重针表盘扭矩计量机构的扳手,它主要由检验人员用于紧固螺栓、螺钉和螺母,并能通过指针来指示确定拧紧螺栓、螺母时的扭矩值。

（二）使用方法

1. 检查外观

指针式扭矩扳手不应有裂纹、碰伤、锈蚀、毛刺及其他缺陷；其保护玻璃应无色透明，不得有妨碍正确读数的缺陷或损伤；表盘上的指针不得有弯曲等异常，刻度、数字和其他标记应完整、清晰、准确。各部件应装配牢固，不得松动，不得有锈蚀，不得有显著腐蚀和防腐层脱落现象。

带棘轮机构的扭矩扳手，其扳手头在驱动孔内应能平稳转动，无跳动或卡滞现象，锁紧装置应可靠。扳手头上的钢球应活动自如。扭矩扳手上应标明扭矩扳手的名称、型号、准确度级别、制造厂、出厂编号、出厂日期等。指示式扳手的正、反面应有箭头标明扭矩的方向。

2. 测量方法

（1）指针调零：

① 转动表盘外壳（图3－36），使主针指向零位。

② 转动玻璃罩的重针螺丝（图3－36），使重针位于所需力矩值。这样，当施力时主针带着重针移动，施力结束，主针回到零位，而重针留下指示出扭矩值。

图3－36 扭矩扳手的指针调零示意图

1—表盘外壳；2—主针；3—重针螺丝。

（2）在拧紧螺母时，正确对准扭力扳手开口和螺母平面尺寸，应将螺母放到扭力扳手开口处的底部,过多的间隙会损坏螺母表面,如图 3 - 37 所示。

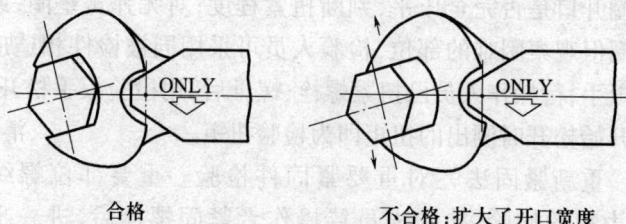

合格　　　　　　　　　不合格:扩大了开口宽度

图 3 - 37　使用开口扳手时将螺母放入开口底部示意

（3）手握扭矩扳手手柄的"有效加力线"（图 3 - 38）,通过手柄缓慢地加力,使主针与重针重合,解除外力,主针复位,而重针则保持力矩值,读出数据值。

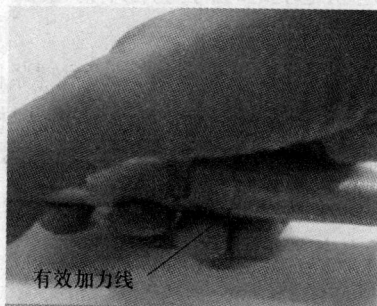

有效加力线

图 3 - 38　手握加力线示意图

（4）再次使用时,重复上述操作。

（5）检验人员使用时的检验规则。指针式扭矩扳手往往是由检验人员使用的,而检验人员使用与装配作业人员使用要求有所不同,如对扳手的精度要求可能要高些,因零部件重要度不同而确认扭矩的方法要更细致。

例如,汽车螺栓(母)扭紧力矩检验方法:

① 配置扭矩扳手。应配能连续显示力矩值的指针式、数字显示式扭力扳手,其示值误差不大于 ±3%（而装配人员使用的扳手一般

示值误差为±5%即可),经检定合格并在有效期内。

②"松开法":检验一般紧固件。对有弹簧垫圈的部位,用观察弹簧垫圈开口是否完全压平,判断扭紧程度;对无弹簧垫圈,或虽有弹簧垫圈但观察困难的部位,检验人员可采用同被检件相适应的标准开口扳手,待操作人员已扭紧螺栓、螺母后,用检验扳手松开螺栓,当螺栓开始松开时测出的扭矩即为检验扭矩。

③"重新紧固法":对重要紧固件检验。重要部位螺纹连接的扭紧力矩的检验,检验人员待操作者紧固螺栓后,进一步紧固进行检验。当螺栓重新开始转动时测出的扭矩即为检验扭矩。检验扭矩时,用力要平稳,慢慢增加力矩,切忌冲击,扭矩扳手扭紧时刚刚转动的瞬间,因克服螺栓或螺母静摩擦力,力矩瞬间偏高,这时的力矩不是螺栓的真正扭紧力矩,扭矩扳手继续转动,扭矩回落到短暂稳定状态,此时的力矩即为螺栓(母)的检验扭紧力矩。

④"转角法":对关键紧固件检验。对关键紧固件,采用扭力扳手"转角法"进行检验,检验时,先在被检螺母(螺栓头)或与连接零件上划一条线痕,确认螺母与连接零件的相互原始位置,用扭力扳手将螺母扭松,然后再将螺母扭紧到对准线痕的原始位置,此时的力矩即为螺母(螺栓头)的扭紧力矩。

(三) 使用维护注意事项

(1) 指针式扭矩扳手是高精度量具,切勿强烈撞击、震动。

(2) 严禁与工件或有腐蚀性及易燃、易爆物质一起存放。

(3) 力矩到达预定值后不得再继续施力。

(4) 车间每班使用前,应校验准确,如有异常,送计量维修人员调修及再检定合格后才使用。

(5) 严格按计量器具周期检定计划送检,检定合格后才能使用。

九 数显式扭矩扳手

（一）结构原理、规格、用途

1. 结构原理

数显式扭矩扳手由扳手头、扳手杆、液晶显示器、电子设定处理器等构成，如图 3-39 所示。

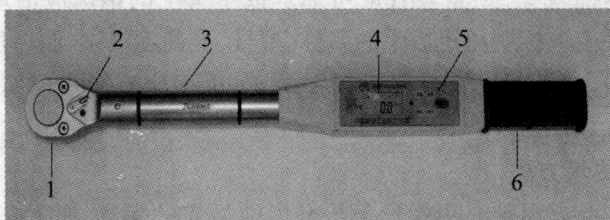

图 3-39 数显式扭矩扳手的外观及结构

1—扳手头；2—换向板；3—扳手杆；4—液晶显示器；

5—电子设定处理器（设定键、选择键、开关键、单位键、模式键）；6—扳手手柄。

数显式扭矩扳手采用电子微处理器数字化处理技术，当向螺栓、螺母螺纹紧固件施加力矩时，以数字形式显示紧固力矩的大小。

2. 常用规格

数显式扭矩扳手的常见规格：4N·m~20N·m；10N·m~50 N·m；20N·m~100 N·m；40N·m~200 N·m；60N·m~300 N·m；100N·m~500 N·m；200N·m~1000 N·m。

分度值：0.01 N·m；0.01 N·m；0.1 N·m。

3. 主要用途

数显式扭矩扳手是一种带有液晶显示装置的扭矩扳手，主要用于紧密测量或由检验人员用于紧固螺栓、螺钉和螺母的检验，并能通过显示装置来指示确定拧紧螺栓、螺母时的扭矩值。

可适用于航空航天、船舶、汽车、摩托车、铁路、桥梁、精密机械、电力系统、发动机、压力容器等对螺纹紧固力矩有严格要求的行业。

（二）使用方法

1. 检查外观

数显式扭矩扳手不应有裂纹、碰伤、锈蚀、毛刺及其他缺陷；数字显示装置显示的数字和其他标记应完整、清晰、准确。各部件应装配牢固，不得松动，不得有锈蚀。

带棘轮机构的扭矩扳手，其扳手头在驱动孔内应能平稳转动，无跳动或卡滞现象，锁紧装置应可靠。扳手头上的钢球应活动自如。扭矩扳手上应标明扭矩扳手的名称、型号、准确度级别、制造厂、出厂编号、出厂日期等。数显扭矩扳手的正、反面应有箭头标明扭矩的方向。

2. 测量方法

（1）装好电池。用螺丝刀拧开电池后盖的螺丝，取下电池盒后盖，并按把手上标识的电池极性要求装好电池，重新固定好电池盒后盖。

（2）方榫套入。将相应尺寸规格的套筒套在方榫上，再将套筒装入螺母或螺栓头上。

（3）按下开启键。开启电源，按"复位/开"键（图 3 – 40），液晶显示器显示"df"，15s 后显示"0.0"，即可使用。

（4）选择单位。根据使用要求，按"单位"键，选择扭矩单位 N·m（或特殊计量单位 ibf. ft 或 ibf. ino）。

（5）设定扭矩。按"模式"键，使工作状态变为预置状态，根据检测扭矩值的大小，用"选择"键与"设定"（增减扭矩值）预置扭矩值，预置结束以后，按"模式"键，退出预置状态，回到跟踪状态。若峰值状态下工作，再按"模式"键，即可进入预置状态。

（6）电子置零。扳手自然水平放置状态下，按"复位/开"键，液晶显示器显示为"df"，15s 后显示"0.0"。

（7）测量扭矩。根据需要右旋或左旋，将换向杆扳到相应的位置。将套筒套在方榫上，扳动扳手，当预置报警灯点亮时同时报警声

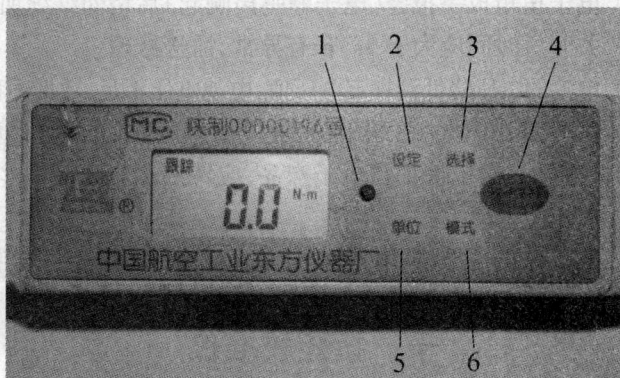

图 3-40　扳手电子设定处理器的按键

1—指示灯；2—设定键；3—选择键；

4—复位/开键；5—单位键；6—模式键。

响起时,表示紧固力矩已达到预定值,可以停止加力。由于峰值保持功能,所施加的最大力矩在卸力后继续显示在液晶显示器上。

（8）关机。关机有两种状态：

①自动关机,当未检测到扭矩值时,3min 后自动关机。

②手动关机,可同时按在"设定"键、"选择"键时即可手动关机。

（三）使用保养注意事项

（1）每日校验。使用人员每天都应校验扭矩扳手,以保证扭矩准确。若超差,由计量人员轻拉起扳手背面标牌,用仪表螺丝刀伸入孔内,微调电位器,重新检定,使误差在允许范围之内,合格后重新贴上标牌。

（2）切勿强行冲击、震动数显扭矩扳手。

（3）严禁与具有腐蚀性和易燃、易爆的物品一起存放。

（4）不允许将扭矩扳手当作榔头使用,敲击工件。

（5）数显扳手不允许随意拆卸,以防止使用不当,损坏精密传感器。

（6）紧固螺纹时,当扭矩值接近预定值时,应尽量缓慢加力,以使测量具有更高的准确性。

（7）电子扭矩扳手报警（电子蜂鸣声响起）后请勿继续加力。

（8）关开机时间应大于 3s，若有异常，需送修理。

（9）电池的电压降低到规定电压值，电池电压不足，数据不稳，此时应更换电池。更换电池时，按扭矩扳手把手上电池极性的标注装好电池。

（10）数显式扭矩扳手是电子产品，应特别注意防潮、防尘，以免损坏。

（11）严格按计量器具周期检定计划送检，检定合格后才能使用。

十　扭矩校准仪

（一）结构原理、规格、用途

1. 结构原理

扭矩校准仪由仪器外壳、液晶显示屏、加力板、摇手柄、开关、保险管、按键、基座以及内部单片机电子线路构成，如图 3 - 41 所示。

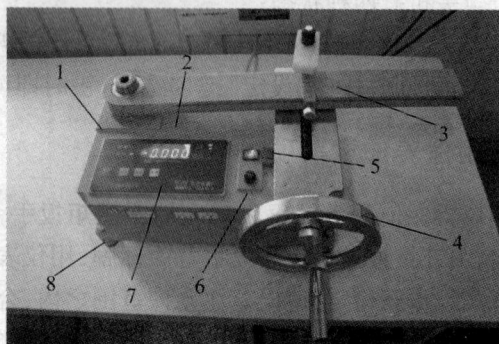

图 3 - 41　扭矩校准仪的外观及结构

1—仪器外壳；2—液晶显示屏；3—加力板；

4—摇手柄；5—开关；6—保险管；7—按键；8—基座。

2. 常用规格

扭矩校准仪常见规格范围：

5 N · m ~ 50N · m ; 10 N · m ~ 100 N · m ; 20 N · m ~

200 N・m;30 N・m~300N・m;40 N・m~400 N・m ;50 N・m~ 500 N・m ;80 N・m~800N・m ;100 N・m~1000N・m;200 N・m~ 2000N・m。

准确度等级:0.5 级、1.0 级等。

3. 主要用途

扭矩校准仪主要用于校验各种扭矩扳手。

（二）使用方法

1. 检查外观

扭矩校准仪不应有裂纹、碰伤、锈蚀、毛刺及其他缺陷;数字显示 装置显示的数字和其他标记应完整、清晰、准确。各部件应装配牢 固,不得松动,不得锈蚀。

用摇手柄摇动时,扭矩校准仪的传动机构应能平稳转动,无跳动 或卡滞现象。扭矩校准仪上应标明设备的名称、型号、准确度级别、 制造厂、出厂编号、出厂日期等。扭矩校准仪应备有标配套筒。

2. 测量方法

（1）根据被检验扭矩扳手的量程选用扭矩校准仪。

选用原则:扭矩校准仪工作的范围一般为额定扭矩值的 20% ~ 100%。否则达不到扭矩校准仪应有的精度,同时不利于扭矩校准仪 的使用寿命。

例如, 一只最大量程为 50N・m 的扭矩扳手,不允许选择 5N・m~50N・m的扭矩校准仪,也不能选择 50N・m~500N・m 的 扭矩校准仪,而应选择 20N・m~200N・m 的扭矩校准仪或者选用 30N・m~300N・m 扭矩校准仪较为合适。

（2）检查扭矩校正仪的计量合格证在有效期内。

（3）将被校验的扭矩扳手的方榫插入校准仪套筒内（图 3 - 42）,或使用附加套筒连接。

调整扭矩扳手使其刚带载荷时的位置与加力板面平行（此时扭 矩扳手与加载板夹角小于或等于3°）。

图 3 - 42   方榫插入套筒
1—校准仪套筒；2—扭矩扳手方榫。

（4）松开加载—力杆组件（图 3 - 43）侧面的固定调节螺丝，调节移动力杆使其着力点位于扭矩扳手施力点，即扳手柄加力刻线位置，然后紧固力杆的紧固螺栓。

图 3 - 43   加载—力杆组件
1—力杆；2—扭矩扳手加力板。

（5）打开电源开关，扭矩校准仪的指示灯亮，将仪器预热 30min。

（6）按下"方式"键（图 3 - 44），使校准仪显示"保持"，此时保持红灯亮，跟踪状态绿灯亮（定值扭矩扳手校验时用"保持"功能，方便读数；指针式扭矩扳手用"跟踪"功能）。

（7）按下"单位"换算键（或"制式"键），选择使用扭矩计量单位为"N·m"，此时所选择量值单位旁的红灯亮。

（8）按下"复位"键，校正仪显示"0.0"或者"0.00"，这时就可以开始校验扭矩扳手。

（9）手握摇手柄，转动手柄时连续、均匀、缓慢地施加扭矩于扭

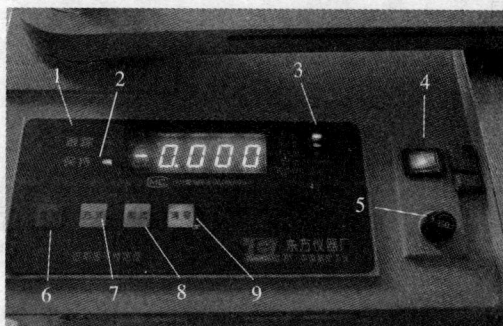

图 3 - 44　数显扭矩扳手按键

1—跟踪；2—保持；3—单位；4—开关；5—电源保险；
6—复位；7—方式；8—制式；9—清零。

矩扳手。当定置扳手到达设定值时，发出"咯噔"声警报或指针式数字式扭矩扳手指示到达设定值时，读出此时校准仪的扭矩显示值。

（10）操作扭矩校准仪对扭矩扳手校准 3 次，取最大扭矩值进行评判合格与否。

（11）校准完毕即应卸载，反向旋转手轮直至扭矩扳手手柄与力杆分离。

（12）按一下"复位"键，全部校准程序结束，即可进行下一次校验。

（13）取下被校验扭矩扳手，关闭"开关"，将设备断电。

（三）使用保养注意事项

（1）扭矩校准仪应当保持清洁，长期不用须每一个月通电一次，通电时间不少于 8h；丝杆要保持润滑，每月除尘换新油。

（2）应避免扭矩校准仪在高温潮湿和接近强电设备的场所使用。

（3）不能将扭矩校准仪的传感器掉落地上或遭受强烈冲击。

（4）扭矩校准仪长期不用时，应将电源插头脱离电源。

（5）扭矩校准仪的加载机构有一定的限定范围，加载时不能超过该限定范围。

（6）扭矩校准仪的电源接线插座或接线板不得与其他用电设备共用。

（7）扭矩校准仪的回转手轮卸载,一定要使被检定的扭矩扳手彻底卸力。

（8）当加载超过扭矩校准仪的满量程 20% 时,蜂鸣警报,已超载。

（9）扭矩校准仪不允许超量程使用,以免损坏传感器;同时,使用时避开校准仪的非线性部分,例如,50 N·m～500 N·m 扭矩校准仪的最佳检测起点在 5 N·m 以上,5 N·m 以下数据虽然可测出但不要采用作为重要用途。

（10）严格按计量器具周期检定计划送检,检定合格后才能使用。

十一　架 盘 天 平

（一）结构原理、规格、用途

1. 结构原理

架盘天平(图 3 - 45)由托盘、指针、横梁、砝码托盘、标尺、标尺游码、底座和橡胶垫以及刀承、刀座等组成,如图 3 - 45 所示。架盘天平的支点刀和承重刀都是金属制成的,刀承呈 V 形。

架盘天平的测量原理主要是根据罗伯威尔机构和杠杆原理制成。采用比较法测量,用标准砝码(图 3 - 46)与未知物品分别放入两边天平托盘称量,当达到两边托盘平衡时,标准砝码加标尺读数即是被测物品的质量。

2. 常用规格

常见架盘天平的规格为 200g、500g、1000g 等,最小称量为 1g。

3. 主要用途

架盘天平作为一种室内小型衡量仪器,以其操作简便、携带方便

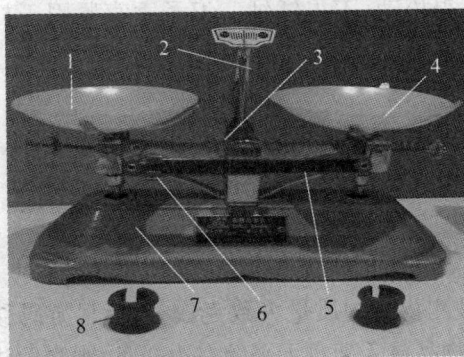

图 3 - 45　架盘天平的外观及结构

1—测量托盘；2—指针；3—横梁；4—砝码托盘；5—标尺；

6—标尺游码；7—底座；8—橡胶垫。

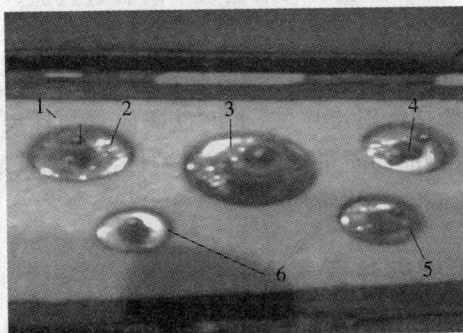

图 3 - 46　架盘天平的标准砝码

1—砝码盒；2—砝码 50g；3—砝码 100g；

4—砝码 20g；5—砝码 10g；6—砝码 5g。

而广泛应用在各行各业,如工厂化验室、车间工艺检测、环保检测、食品检测等。

（二）使用方法

1. 检查外观

架盘天平的外形应光洁整齐,没有裂纹、碰伤、锈蚀、毛刺及其他缺陷;托盘和标尺装置和其他标记应完整、清晰、准确。各部件应装配牢固,不得松动,不得锈蚀。刀子垂直紧固于杠杆上。三把刀子相互平行,工作部位的刀刃平直,刀子两端面与刀刃成 70° ~ 80°的夹角。

架盘天平上应标明设备的名称、型号、准确度级别、制造厂、最大称量、出厂日期等。架盘天平应备有标配砝码。

2. 测量方法

(1)将架盘天平的标尺游标置零位。

(2)估计被测物品的质量大致克数,将标尺游码移动至该克数刻线处,将被测物品放入架盘天平的左边托盘,观察两边天平托盘的平衡情况,若不平衡,则通过调节移动标尺游码使之平衡。

(3)若不能通过调节移动标尺游码来达到天平两边托盘平衡,则用镊子将标准砝码轻轻放入架盘天平的右边托盘,增减使天平两边托盘接近平衡。

(4)增减标准砝码后,再次轻轻移动标尺游码来达到天平两边托盘完全平衡,使指针对准中线,此时砝码质量与标尺读数之和,即架盘天平所衡量物品的质量。读出标尺游标指示的读数加标准砝码的标称值即为被测物品的质量。

(三) 使用保养注意事项

(1)架盘天平使用完毕,应将被测物品取下装入试样袋,用镊子将标准砝码取下,用干净绸布擦净后放入砝码盒。

(2)擦净天平两只托盘,将标尺游标移入零位,将厂家随天平同时附属备用的橡胶垫(图 3 – 47)装入托盘支架下使托盘不能上下移动,使支点刀、支点刀承处于不受力状态,可以延长天平使用寿命。

(3)用干净棉布擦净架盘天平上的手渍及灰尘,防止锈蚀。

(4)将架盘天平定置放置在防振、防潮、防尘、干燥的地方。

(5)严格按计量器具周期检定计划送检,检定合格后才能使用。

图 3 – 47　架盘天平的橡胶垫

1—橡胶垫；2—砝码 50g。

十二　台　秤

（一）结构原理、规格、用途

1. 结构原理

台秤及小一点的案秤均由承重板（内有刀承、刀刃、杠杆）、计量杆、调整杆、游砣、视准器、砣挂及增砣等构成，如图 3 – 48 所示。

2. 常用规格

台秤及案秤的常用规格：最大称量为 5kg（最小分度值为 5g）、10kg（最小分度值为 5g）、50 kg（最小分度值为 20g）、100 kg（最小分度值为 50g）、300 kg（最小分度值为 200g）、500 kg（最小分度值为 200g）、1000 kg（最小分度值为 500g）。

台秤一般为中准确度级，其允差要求，0 ~ 500d，±1d；500d ~ 2000d，±1d；大于 2000d，±1d。d 为最小分度值。

3. 主要用途

台秤主要用于称量各种钢铁、煤炭、零部件等。

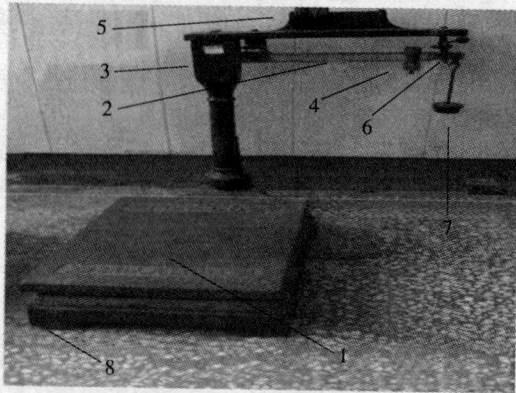

图 3 - 48　台秤的外观及结构

1—承重板；2—计量杆；3—调整杆；4—游砣；
5—增砣；6—视准器；7—砣挂；8—秤滚轮。

（二）使用方法

1. 检查外观

台秤不应有裂纹、碰伤、锈蚀、毛刺及其他缺陷；计量杆和标尺装置应完整、清晰、准确。各部件应装配牢固，不得松动，不得锈蚀。

台秤上应标明设备的名称、型号、准确度级别、制造厂、出厂编号、出厂日期等。台秤应备有标配增砣。

2. 测量方法

（1）将台称的四只滚轮全部着地后摆放在平整坚实的平台或地面上。

（2）将秤砣挂钩放在计量杆环上，游砣置零，旋动调整杆置空杆平衡（即计量杆在视准器内上下摆动且不靠上下边框缘），关闭示准器。

（3）重物轻放在承重板上中部，开启视准器，砣挂加放增砣（图3 - 49），移动游砣至秤平衡，关闭视准器读数。

200

图 3 - 49 台秤的增砣
1—臂比数字；2—调整孔。

（4）根据游砣左边缘与计量杆上的标尺刻度相交点的刻度，读取称量值。

称量读数值 = 增砣标称质量 + 游砣左边缘与计量杆相交的计量杆上的刻度值

（三）使用保养注意事项

（1）重物切忌冲击重放于台秤，称重时不得旋动调整杆或推动秤体。

（2）秤体不得长时间负重或作运输工具，每次移动后应重新检调空秤平衡。

（3）移动秤体时取下砣挂，随时保持计量杆、砣挂、游砣及承重板的完整、清洁。

（4）禁止冲击搁放重物，超量程的重物称量，超负荷计重将破坏秤的内部结构。不得接触磁性物。

（5）增砣是砝码类标准器具，不允许将增砣随意和工具混放，更不允许将不同臂比的增砣互换使用，以免出现严重计量误差。操作之中观察案秤，台秤的游标质量名义值，还要确认增砣上面的臂比应与台秤上的臂比标注一致。

常用臂比有 1/5、1/50、1/100；每天使用后清点增砣，使之返回各自的秤架。为避免混放混用，整理、列出增砣识别表供使用，见表3 - 1。

表 3 - 1 台秤增砣识别

序号	名称	最大秤量/kg	分度值/g	臂比	增砣配置	
					数量	配置名义值(kg)×数量(个)
1	台秤	50	50	1/50	4	5、10×2、20
2	台秤	100	50	1/50	5	5、10×2、20、50
3	台秤	200	200	1/100	5	10×2、20、50、100
4	台秤	300	200	1/100	4	25、50、100×2
5	台秤	500	200	1/100	5	25、50、100×2、200
6	台秤	1000	500	1/100	6	50、100、200×4
7	案秤	3	2	1/5	6	1、0.2×2、0.4、0.5×2
8	案秤	5	5	1/5	4	0.5、1×2、2
9	案秤	6	5	1/5	4	0.5、1、2×2
10	案秤	10	5	1/5	5	0.5、1×2、2、5

(6)每天点检,清洁保养、防止锈蚀,防止超重超压及撞击。

(7)严格按计量器具周期检定计划送检,检定合格后才能使用。

十三 电子(计重)秤

(一) 结构原理、规格、用途

1. 结构原理

电子(计重)秤(图 3 - 50)测量原理系采用单片微处理器和高精度传感器及放大器感知被测物体重量及处理测量数据,显示采用红色高亮度数码管(或液晶显示器)以及交直流两用电源构成电子称量器。

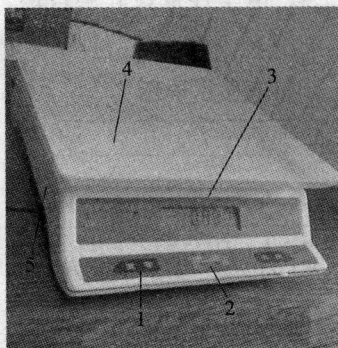

图 3 - 50　电子(计重)秤
1—置零键；2—开关键；3—显示屏；4—秤盘；5—仪器外壳。

2. 常用规格

常用规格有：最大秤量 3kg、6kg、15 kg、30 kg。

分度值 1g、2 g、5 g、10 g。

精度等级：Ⅲ。

3. 主要用途

电子(计重)秤主要用于称量各种零部件、水果、蔬菜等。

(二) 使用方法

1. 检查外观

电子(计重)秤不应有裂纹、碰伤、锈蚀、毛刺及其他缺陷；计量杆和标尺装置应完整、清晰、准确。各部件应装配牢固，不得松动，不得锈蚀。

电子(计重)秤上应标明设备的名称、型号、准确度级别、制造厂、出厂编号、出厂日期等。

2. 测量方法

(1) 将电子(计重)秤置于平稳的平台上，使用前先将水平仪操作面板上的水平指示仪的水泡调整到中心位置，可通过调整秤脚(旋转秤脚)实现水平零位。

（2）打开电源开关键，电子计重秤开始自检，依次显示数字（如 88888 或 00000 等）、所有光标、软件号、软件版本号……，最后点亮零位光标，进入称重状态。如下显示屏示：

重　量(g)		
	0	
零位	充电	净重

（3）预热 10min，电子计重秤进入稳定状态，可进行称重。

（4）称重完成，按下"清零"键，消除前称量数字，使称回到零位。

（5）关机，按住"开关键"直至出现如下关机显示，然后松手即可。

重　　量（g）		
	0FF	
零位	充电	净重

（三）使用保养注意事项

（1）电子（计重）秤不能工作和储存在有腐蚀气体的有害环境中。

（2）电子（计重）秤不能工作在有震动的运输车中。

（3）电子（计重）秤在使用和送检运输中避免雨水冲淋或物体冲撞。

（4）清洁电子（计重）秤时不能使用有机化学液体。

（5）使用环境温度 0 ~ 40℃；储存温度 −10℃ ~ 50℃，相对湿度不大于 90%。

（6）交流电源 220V（ ±10% ）；直流电源可用充电电池（如铅钙密封电池）初次充电 10h 以上。

（7）电池电压不足警报，当显示"—Lb － － —"（或显示"L"）并闪烁时，表示电压过低，应立即更换电池，持续闪烁 15min 后，如不更换电池，将显示"bo bAe"，秤将停止工作。

（8）超重报警，当显示"—ol—"并发声时，表示超重，应立即取下物品。

(9) 严格按计量器具周期检定计划送检,检定合格后才能使用。

十四 管型测力计

(一) 结构原理、规格、用途

1. 结构原理

管型测力计由挂环、指针、标尺、管筒、测钩等构成,如图3-51所示。

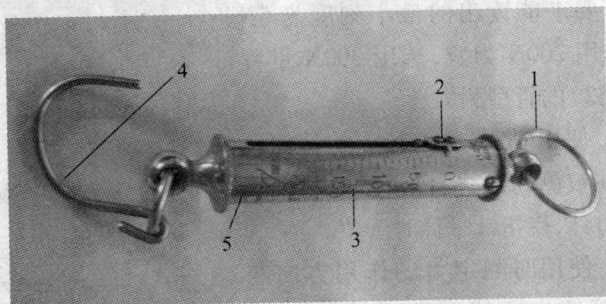

图3-51 管型测力计的外观及结构

1—挂环;2—指针;3—标尺;4—测钩;5—管筒。

2. 常用规格

管型测力计的极限载荷规格:2N(最小分度为0.05N)、2.5 N(最小分度为0.05N)、5 N(最小分度为0.1N)、10 N(最小分度为0.2N)、30 N(最小分度为0.5N)、30 N(最小分度为0.5N)、50 N(最小分度为1N)、100 N(最小分度为2N)、200 N(最小分度为5N)、300 N(最小分度为10N)、500 N(最小分度为10N)。

二级工作测力计规定允许误差为±2%。

3. 主要用途

管型测力计主要用于重力检测及拉力测量。

(二) 使用方法

1. 检查外观

管型测力计的表面不应有裂纹、碰伤、锈蚀、毛刺及其他缺陷;指针与标尺装置应完整、清晰、准确。各部件应装配牢固,不得松动,不得锈蚀。

管型测力计应标明仪器的名称、型号、准确度级别、制造厂、出厂日期等。

2. 测量方法

（1）管型测力计使用前，按所需的测定量程和最小分度值来选用的测力计。例如，当被测力重力或拉力为 150N 左右时，要求能读出的最小刻度为 5N 时，应选用 200N 为宜，选用 300N 量程（图 3－52）的管型测力计。

（2）使用时，将测力计上的挂钩轻轻地勾住被测物品，慢慢沿被测物轴线移动测力计，待指针平稳时读数。

（3）使用时测定力的作用方向与测力计管体中心线一致，如图 3－50 所示。

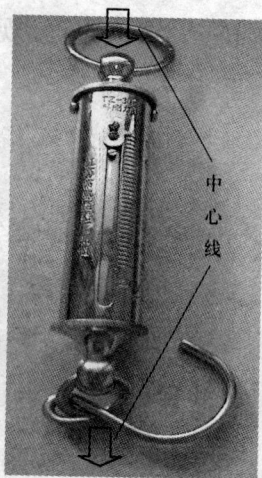

图 3－52　300N 的管型测力计

中心线

（三）使用保养注意事项

（1）作用于测力计上的最大载荷不应超过规定的极限载荷。

（2）测力计应保存在干燥的地方，防止受潮，受高温。

（3）严格按计量器具周期检定计划送检，检定合格后才能使用。

十五　洛氏硬度计

（一）结构原理、规格、用途

1. 结构原理

洛氏硬度试验是由美国人洛克韦尔（S. P. Rockwell）在 1919 年提出来的，是目前世界上应用最广泛的硬度试验方法。

洛氏硬度计(以 HRC150 洛氏硬度计为例)由机架、测量指示表和压头等组成,如图 3－53 所示。

图 3－53 洛氏硬度计
1—机架;2—测量指示表;3—压头;
4—试台;5—手轮;6—加荷机构手柄。

洛氏硬度计的测量原理:用两种不同的载荷(即预载荷 10kg 和总载荷 150kg 试验载荷)先后施加于压头上,并以这两种不同载荷作用后使压头压入被测材料表面的深度差来表示的材料硬度高低的方法。

2. 常用规格

洛氏硬度计具有 10kg 的预载荷,60kg、100kg、150kg 三种不同的总载荷和相应的 120°金刚石压锥以及 ϕ1.588mm 的钢球压头,因此可以做 HRA、HRB、HRC 三种洛氏硬度试验。

3. 主要用途

车间现场使用洛氏硬度计,主要应用于热处理生产工序质量检查或入厂产品质量检查。

（二）使用方法

1. 检查外观

洛氏硬度计的表面不应有裂纹、碰伤、锈蚀、毛刺及其他缺陷；指针与标尺装置应完整、清晰、准确。各部件应装配牢固，不得松动，不得锈蚀。

洛氏硬度计应标明仪器的名称、型号、准确度级别、制造厂、出厂日期等。

2. 测量方法

（1）处理试样。检查被测试样的厚度应大于10倍压痕的深度。被测试样的表面应平滑，没有加工的刀痕或凹坑，否则应用砂纸或砂轮磨掉，不能使试样产生局部退火现象。擦净被测试样表面及支持面油垢。选装能保证被测试件可以稳妥地安置，使被测件表面与压头保持垂直的工作台。

（2）总载荷的选择。洛氏硬度计所配的砝码组由三个砝码组成（使用时装于设备后部箱体内）标志分别为A、B、C，当做HRA硬度试验时，则用标志有A的砝码；做HRB硬度试验时，则用标志为A、B的两个砝码；当做HRC硬度试验上时，则用标志为A、B、C的三个砝码。

（3）示值精度校验。用标准硬度块对硬度计进行校验，在标准硬度块工作表面的不同位置进行5次硬度测试，取其算术平均值，硬度计与标准硬度块的标称值之差应不超过±1.5硬度单位。

（4）升高试台。将被测零部件平稳放置于工作台上，顺时针旋转手轮（图3-54）使工作台缓缓升起，直到小指针指红点（图3-53），大指针在偏离垂直向上位置5分度格范围内为止。

（5）仪器对零。旋转指示表的调整盘，使标记B或C正好对准大指针（图3-55）。

（6）旋加主载荷。将操纵手柄向后扳，即旋加主载荷在压头上。

（7）卸除主载荷。将主载荷加载手柄推上即观察仪表盘，当指

图 3 - 54　升降机构

1—手轮；2—丝杆；

3—工作台；4—加荷机构手柄。

图 3 - 55　洛氏硬度计的指示表

1—调整盘；2—大指针；3—红点；

4—B 或 C 标记；5—小指针。

针运动停顿下来后，停留等待(4 ± 2)s，即可将手柄扳回，卸除主载荷（此时压头上仍保留有 10kg 的预压力）。

（8）读取硬度值。从指示表相应的刻度（当采用金刚石压头时，按刻度外圈标志为 C 的黑字读数；当采用钢球压头试验时，按刻度盘内圈标记为 B 的红字读数）读取硬度值。

（三）使用保养注意事项

（1）主载荷加好后，应停留（4±2）s。特别对硬度较低的零件，停留时间对结果影响较大。

（2）对一个零件，应进行不少于 4 点硬度试验，第 1 个数据不要，取后 3 个数据。

图 3 - 56　标准硬度块

（3）两压痕中心距离至少应为压痕直径的 4 倍，但不得少于 2mm；距零件边缘距离，应为压痕直径的 2.5 倍，但不得少于 1mm。

（4）每次试验前应校对标准硬度块。使用标准硬度块时，只能在标准硬度块印有定度标记的工作面（图 3 - 56）使用。

（5）使用前，应将硬度计保持水平，水平标准为 0.2mm/1000mm 范围内。

（6）定期用润滑油涂于洛氏硬度计丝杆及手轮下的止推轴承处。

（7）硬度计的缓冲器（设备内砝码下方的部件）中应注入 30 号机械油。

（8）指针的原始位置（即大指针指于标记 C 或 B 处，小指针指于黑点），不对时，可用顶杆（设备内与加荷杠杆和吊环吊杆连接部件）上的调整丝进行调整，调好后调整丝紧固。

（9）严格按计量器具周期检定计划送检，检定合格后才能使用。

十六　里氏硬度计

（一）结构原理、规格、用途

1. 结构原理（以瑞士 EQUOTIP2 硬度计为例）

里氏硬度计是一种新型的硬度测试仪器，这种仪器源自里氏试验方法，这种方法由瑞士里勃（D. Leeb）在 1978 年首先提出，是用冲击体对试样表面冲击时的回跳与冲击速度的比值大小来判断材料硬度大小的一种测试方法。里氏硬度测试仪器由微处理机、冲击装置测头组成，如图 3 - 57 所示。

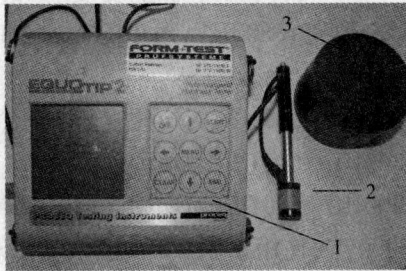

图 3 - 57　里氏硬度计

1—微处理机；2—冲击装置测头；3—硬度块。

里氏硬度计的测试原理：以一定直径的碳化钨球冲击测头（图 3 - 58），在一定的载荷（试验力）作用下冲击试样表面，测量冲击测头距离试样表面 1mm 处的冲击速度和回弹速度，以冲击测头回弹速度与冲击速度的之比来表示硬度值，用符号 HL 表示。

里氏硬度计以轻便、小巧、测试简便快速、易于生产现场使用测试而为人喜爱。这种仪器通过微处理机自动计算转换成所需的硬度值，如将 HL 转换成 HRC 或 HB 或 HV。

2. 所用规格

测试硬度不超过 940HV，即 68HRC。

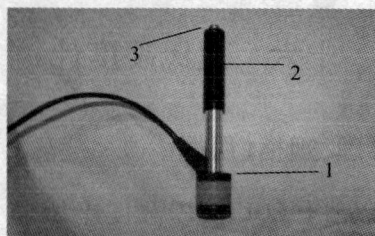

图 3 - 58　里氏硬度计
1—冲击装置测头；2—手持加载杆；3—按键。

测量精度：±0. 5%（$L = 800$）。

参考测试对应范围：

测试钢件：300HL ~ 800HL（对应硬度值 80HB ~ 654HB）；300HL ~ 890HL（对应硬度值 800HV ~ 955HV）；510HL ~ 890HL（对应硬度值 19. 8HRC ~ 68. 5HRC）。

测试铸铝件：200HL ~ 560HL（对应硬度值 30HB ~ 164HB）。

测试铸铁件：360HL ~ 600HL（对应硬度值 90HB ~ 664HB）。

测试黄铜件：200HL ~ 550HL（对应硬度值 40HB ~ 173HB）。

存储数据约 5000 个；使用 6 节 1. 5V 电池，20℃时约能测试 60h；工作温度为 0 ~ 50℃。

3. 主要用途

里氏硬度计主要用于大型工件、模具型腔、机床导轨、汽车底盘、压力容器、汽轮发电机、轴承、零部件上进行快速测量硬度以及设备失效分析测试。

（二）使用方法

1. 检查外观

里氏硬度计的表面不应有裂纹、碰伤及其他缺陷；液晶显示屏所显示数字应完整、清晰、稳定准确。各按键应功能正常、灵敏。

里氏硬度计应标明仪器的名称、型号、准确度级别、制造厂、出厂日期等。

2. 测量方法

(1) 试样的检查。里氏测试试样应达到基本的技术要求,否则会影响硬度测试的精度。技术要求如下:

① 试样必须有足够的大质量和刚性,以保证在冲击过程中不产生位移或弹动,对于 G 型冲击装置,试样的质量:稳定放置时,质量大于或等于 15kg;固定或夹持时,质量为 5kg～15kg;需耦合小试样质量:0.5kg～5Kg。

② 试样必须有足够的厚度,对于 G 型冲击装置,试样的最小厚度应≥10mm。

③ 试件的试验面最好是平面,应具有金属光泽,表面应平整、光滑、清洁,不得有油污,粗糙度应达冲击装置的技术要求,若无具体要求,一般应当达到 $R_a \leqslant 6.3\mu m$(G 型冲击装置)。

(2) 连接冲击装置。将冲击装置 G 的连线上的插头插入里氏硬度计仪器本体左侧面标注"IN PUT"处的三眼插座(图 3 – 59),使冲击装置 G 与里氏硬度计仪器本体连接。

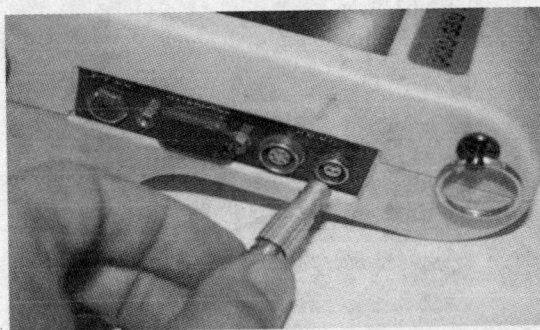

图 3 – 59　里氏硬度计的接线插头

(3) 按下开关键"ON/OFF",仪器通电,液晶显示屏呈现微绿电子初始状态。

(4) 按下菜单键"MENU",选择第 5 项"convtysipn"。

(5) 按下开始键"STAR",里氏硬度计仪器的液晶显示屏显出硬度"HV、HB、HRB、HRC",通过按"⬅"或"➡"键来选择和确定所需的转换硬度,通过微处理机自动计算转换成所需的硬度值。

例如,需测 HRC 硬度值,则选中 HRC：

HV	HB	HRB	HRC	

仪器显示进入测试状态,界面显示：

	LD
	$\bar{x} = LD$
$\bar{x} = 1$	HRC₁
	3027

（6）显示待测界面。按下"END"键,里氏硬度计仪器显示进入测试状态,液晶界面显示待测,即如图 3 – 60 所示。

（7）紧贴试样。左手持冲击装置 D 的测杆,使测头平面与被测面水平紧贴,如图 3 – 61 所示。

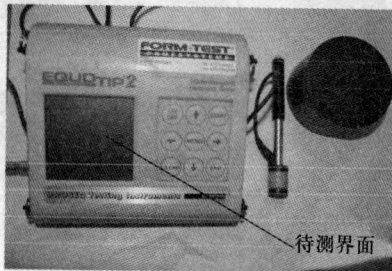

图 3 – 60　里氏硬度计的待测界面

（8）冲击蓄能。左手大拇指与无名指捏着冲击装置的加势能的黑色滑套往下移动至限位处,手感已被自动卡住,即完成冲击蓄能,如图 3 – 62 所示。

（9）测试硬度。左手无名指按下冲击装置顶端上的白色按钮,可听到微沉闷的金属撞击弹跳声,里氏硬度计仪器液晶显示屏即显示出来被测的硬度值,仪器会自动将测得的 HL 值转换处理并显示出使用者所需的洛氏硬度或布氏硬度或维氏硬度值,如图 3 – 63 所示。

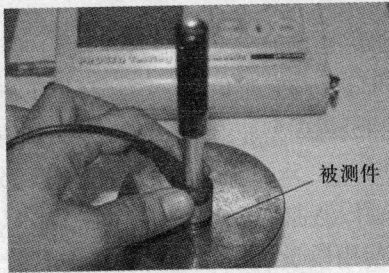

图 3 – 61　测头与被测面紧贴

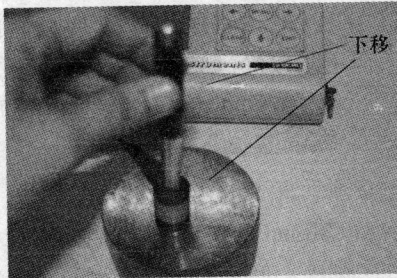

图 3 – 62　里氏硬度计的冲击蓄能

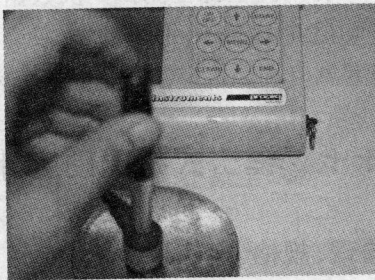

图 3 – 63　按启动键,冲击测试

（10）记录测试到的硬度值后，按"CLEAR"键，清除测得的数值，进入新一轮测试状态。

（三）使用保养注意事项

（1）试验一般应在 10℃ ～35℃ 温度范围内使用，有严格委托要求时应在(23 ±5)℃ 进行；应避免在强磁场环境下测试。

（2）质量大于 15kg(G 型冲击装置)的试样可以直接在试面上进行。

（3）质量为 0.5kg～5kg 的试样以及有悬伸部分的试样、薄壁试件、大面积板材、长杆、弯曲件等(即使质量在 5kg 以上，厚度在 10mm 以上)，测试时，应使用质量大于 5kg 的物体在其背面加固或支承并耦合处理。

（4）质量小于 5kg 的试件，应使其与质量大于 5kg 的支承紧密耦合，耦合面必须平整、光滑。耦合平面应使用耦合剂(如凡士林或车间常见的黄油)，但用量以涂满结合面，然后两耦合面对研至薄薄一层，手与金属有接触的感觉即可；不可太多，否则可能使测量值偏低。

（5）测试方向必须垂直于耦合面。

（6）曲率半径小于 30mm 的试样测试面在测试时应用小支承环。

（7）两测试点压痕中心间距应不小于 4mm；压痕中心距试样边缘距离不小于 8mm 。

（8）测试结果以每个测量部位测试 5 次数据的平均值表示；数据分散不应超过平均值的 ±15HL，否则，重试。

（9）严格按计量器具周期检定计划送检，检定合格后才能使用。

十七　锤击式布氏硬度计

（一）结构原理、规格、用途

1. 结构原理

布氏硬度是 1900 年瑞典工程师布里涅尔(J. A. Brinell)在研究

热处理对轧制后钢组织的影响时提出的。锤击式布氏硬度计由钢球压头、松紧钢套、锤击柱组成,如图 3-64 所示。

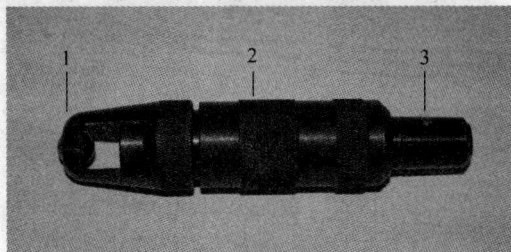

图 3-64　锤击式布氏硬度计
1—钢球压头;2—松紧钢套;3—锤击柱。

锤击式布氏硬度计的工作原理:用锤击的方法将钢球压头同时压入已知硬度的标准试棒和试样的表面,通过比较两者的压痕直径来确定布氏硬度。这种测试方法主要适用于精度要求不高的大型铸、锻件毛坯及金属材料布氏硬度值,其硬度值可在测出压痕后查该仪器生产厂方提供的 HB 硬度数值表得到或按下式求得

$$HB\ 值 = HB_0 \times [\ (D - \sqrt{D^2 - d^2})/(D - \sqrt{D^2 - d_0^2})\ ]$$

式中:HB_0 为标准试棒的布氏硬度值;D 为钢球直径;d_0 为标准试棒上的压痕直径;d 为试样上的压痕直径。

当标准试棒(图 3-65)的硬度值(HB_0)固定时(一般选 197 HB 或 202HB),根据 d_0 和 d 的变化可计算出一系列 HB 值,即可作出相应的用于测试的对照表格。

当实际使用的标准试棒不等于 197 HB(或 202 HB)时,则查表所的值还应乘以系数 K。K 值由下式计算取得

$$K = HB'_0 / HB_0$$

式中:HB'_0 为测试使用的标准试棒硬度值;HB_0 为对照表中标准试棒对照值。

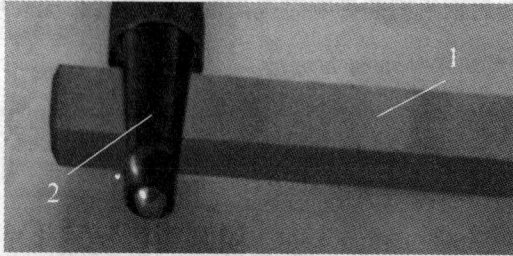

图 3 - 65　锤击式布氏硬度计
1—标准试棒；2—锤击式布氏硬度计。

2. 所用规格

测试铸铁大件的硬度：90HB ~ 640HB。

3. 主要用途

锤击式布氏硬度计主要用于大型工件、设备底座及较大零部件上进行精度要求不高的硬度测量。

（二）使用方法

1. 检查外观

硬度计的表面不应有划伤、裂纹、碰伤及其他缺陷；硬度计的钢球与标准试棒表面应光洁、完整、无损伤。

2. 测量方法

（1）试样平整。试样表面要求应光洁平整，体积不大的试样试验时应放在质量较大的支座上。

（2）垂直敲击。硬度计应与试样测试面垂直，当垂直接触试样良好时，用铁榔头垂直敲击硬度计上端锤击柱面（图 3 - 66）。

（3）显微测量。取下标准试棒，测量压痕直径，用读数显微镜（图 3 - 67）测量试样压痕直径，取两个压痕直径数值来对应查厂家提供的 HB 硬度数值表，查得的数据乘以系数 K（硬度计厂家提供 K 值表）即为所测得的布氏硬度值。

（4）锤击次数。每次试验位置点只能锤击一次。

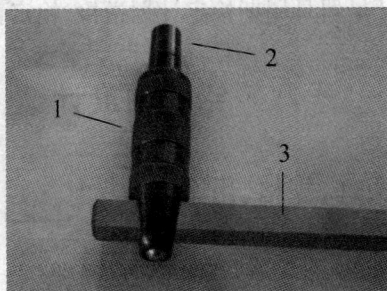

图 3－66 锤击示意图
1—锤击式布氏硬度计；2—锤击柱；3—标准试棒。

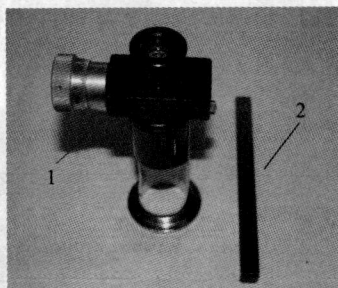

图 3－67 显微测量
1—读数显微镜；2—标准试棒。

（5）锤击力度。以能在标准试棒上产生直径为 2mm～4mm 的压痕为宜。

（6）压痕距离。试验时，标准试棒上及试样测试面上相邻两压痕中心的距离应不小于 10mm。

（三）使用保养注意事项

（1）锤击试验完毕，取出标准试棒，清洁锤击式布氏硬度计的接触表面及外观。

（2）将硬度计和标准试棒分别放入盒内定置摆放，不得与工具及其他杂物混放。

（3）严格按计量器具周期检定计划送检,检定合格后才能使用。

十八　铅笔硬度计

（一）结构原理、规格、用途

1. 结构原理

铅笔硬度计是根据国家标准 GB 6739—86《涂膜硬度铅笔硬度法》中第 2.3 条手工操作法而制作,属于划痕硬度测试仪器的一种。是一个简单快捷的涂层硬度测试方法,用铅笔锋利的边缘在涂层表面上划痕,从而测试涂层的硬度。铅笔硬度计由仪器本体、滚轮、HB 铅笔及紧固螺钉组成,如图 3 – 68 所示。

图 3 – 68　铅笔硬度计
1—紧固螺钉;2—滚轮;3—HB 铅笔; 4—仪器本体。

铅笔硬度计的工作原理:铅笔硬度计三点接触被测表面(两点位滚轮,一点为铅笔芯),始终保证铅笔与被测表面夹角为 45°,根据杠杆原理,保证硬度计主体加在铅笔芯上的压力为(1 ±0.05)kg。

2. 所用规格

测定角度:45°;

铅笔测试压力:由仪器本体自重确定,为(1 ±0.05)kg;测定级数:17 等级(6B ~ 9H)标准铅笔,6B、5B、4B、3B、2B、B、HB、F、H、2H、3H、4H、5H、6H、7H、8H、9H。

3. 主要用途

铅笔硬度计是用于测定涂膜硬度指标的专用工具,可用于测定金属涂层、装饰材料、合成皮革等硬度。

(二) 使用方法

1. 检查外观

硬度计的表面不应有划伤、裂纹、碰伤及其他缺陷;硬度计所用的铅笔应为合格品。

2. 测量方法

(1) 切取试件。按照 GB 1727《漆膜一般制备法》制备试验件 3 块,或从涂漆件上切取具有代表性的试件 3 块。

(2) 磨削铅笔。用削铅笔刀将铅笔削至露出圆柱形铅芯 5mm ~ 6mm(不能松动或削伤笔芯),握住铅笔使其与 400 号砂纸面成 90° 角,并在砂纸上不停画圈,以摩擦笔芯端面,直至获得端面平整、边缘锐利的铅笔芯为止(边缘不得有破碎或缺口),铅笔每使用一次,要旋转 180°后再使用,或重磨后再用。

(3) 安装铅笔。将仪器放在平整的工作台上,把 10mm 平键(图 3 - 69)放在主体下方,此时主体与工作台面平行,把削好的铅笔插入主体的孔内,铅芯棱边凸出 5mm 接触到工作试件表面即旋紧紧固螺钉,然后移去平键。

(4) 测试硬度。将硬度计放在被测试板上,用拇指和食指抓住滚轮推动仪器沿水平方向以 1mm/s 的速度前进,如图 3 - 68 所示,沿面板上箭头方向推进。从最硬的铅笔开始,每级铅笔型号犁 5 条 3mm 的痕迹,直到找出都不犁伤涂膜的铅笔为止,此铅笔的硬度即代表所测涂膜的铅笔硬度。

(三) 使用保养注意事项

(1) 在测试过程中,不要将铅笔的划痕和穿透痕混乱,可备一块

图 3 - 69　铅笔硬度计
1—平键；2—固定螺钉；3—滚轮。

柔软的橡皮将多余的线痕擦掉。

（2）用后擦净铅笔硬度计,去除污迹。

（3）削好铅笔备用。

（4）将铅笔硬度计放入清洁、干燥的盒内存放。

（5）定期测量仪器本体的压力为(1 ± 0.05)kg,保持标准压力。

第四部分　电学计量检测(设备)器具

一　蓄电池测试仪

(一)结构原理、规格、用途

1. 结构原理

蓄电池测试仪由直流电压表、测试夹和测试触头等组成,如图4-1所示。

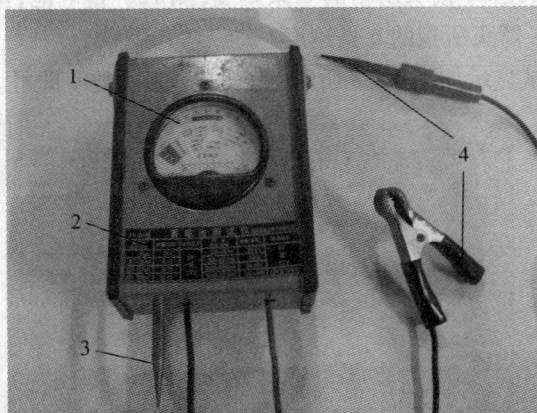

图 4-1　蓄电池测试仪

1—直流电压表;2—仪器外壳;3—测试触头;4—测试夹。

2. 所用规格

仪表可测 2V、6V、12V 蓄电池电压和 2A·h~150A·h 电容量。

3. 主要用途

可以测量各种规格的汽车蓄电池和其他用途铅蓄电池的容量

状态。

（二）使用方法

1. 检查外观

蓄电池测试仪的表面不应有划伤、裂纹、碰伤及其他影响测量的缺陷。

2. 测量方法

（1）使用前，应先检查仪表指针是否指在标度盘左边的零位上，如不指在零位，可旋转表盖中部的调零器，使指针调在零位。

（2）蓄电池的测试。

① 将仪表的测试夹接蓄电池负极，红色表棒接蓄电池正极，测 2V 单格蓄电池时，读 0～2.5 刻度（数字表示 V）；测 6V 蓄电池，按不同电池容量读 6V 箭头所指的 6 条刻度；测 12V 蓄电池，按不同电池容量读 12V 箭头所指的 6 条刻度。

② 测试显示如图 4－2 所示，读出电压表的数字即可。

图 4－2　蓄电池测试仪

1—电压表；2—红色：放完；3—黄色：重冲；4—绿色：正常；
5—绿边框中白色：充足。

或者,若指针指向"绿色"和"绿边框空白"区域,则表示电量充足。

(3) 开关检测。检查汽车上的各种开关质量时,将仪表和开关串接于蓄电池正、负极间,将此时的指示刻度与撤去开关后的刻度相比,如相差 3 格刻度以上时表示开关质量不好。读数时,读出视标盘中下部的 0 ~ 10 刻度即可。

(三) 使用保养注意事项

(1) 每一次测试时间不得超过 3s。

(2) 蓄电池液体不足时,不能测试,此时误差较大。

(3) 蓄电池测试仪左下端的锥形触头与夹子同为负极,测试时也可用该触头测量。

(4) 严格按计量器具周期检定计划送检,检定合格后才能使用。

二 数字式绝缘电阻表

(一) 结构原理、规格、用途

1. 结构原理

数字绝缘电阻表由表笔、液晶显示屏、按键和大规模的集成电路组成,如图 4 - 3 所示。

数字绝缘电阻表的工作原理:由机内电池作为电源,经 DC/DC 线路变换产生的直流高压由 E 极出经被测式样到达 L 极,从而产生一个在两极之间的电流,经过 I/V 线路变换经除法器完成运算,直接将被测的绝缘电阻值用 LCD 显示出来。

2. 所用规格

常用仪表输出的电压等级规格:500V、1000V、2000V、2500V;

测量范围:0 ~ 19999mΩ;

相对误差:≤ ±4% ±1d,其中 d 为分度值,分度值有 0.01mΩ、0.1mΩ、1.0mΩ、10.0mΩ。

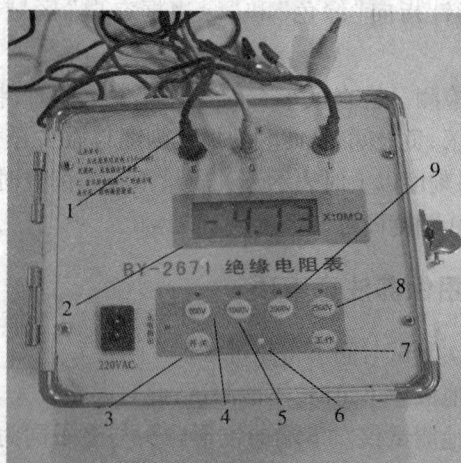

图 4-3 绝缘电阻表

1—表笔；2—液晶显示屏；3—开关键；4—500V 键；

5—100V 键；6—指示灯；7—工作键；8—2500V 键；9—2000V 键。

3. 主要用途

用于测量各种绝缘材料的电阻值和变压器、电机、电缆及电器设备等绝缘电阻。

（二）使用方法

1. 检查外观

数字绝缘电阻表的表面不应有划伤、裂纹、碰伤及其他缺陷。液晶显示屏显示数字应清晰、稳定，无影响测量的缺陷。

2. 测量方法

（1）开启电源。按下开关键，预热 15min。

（2）选择电压。选择所需电压等级（如 500V 等），按下标有电压等级的按钮，指示灯亮，表示选中所选电压挡。

（3）连接线路。按仪表输出接线，测量绝缘电阻时，线路 L 与被测物同大地绝缘的导电部分相连接，接地 E（图 4-4）与被测外壳或接地部分连接，屏蔽 E 端与被测物体保护遮蔽部分连接或其他不参

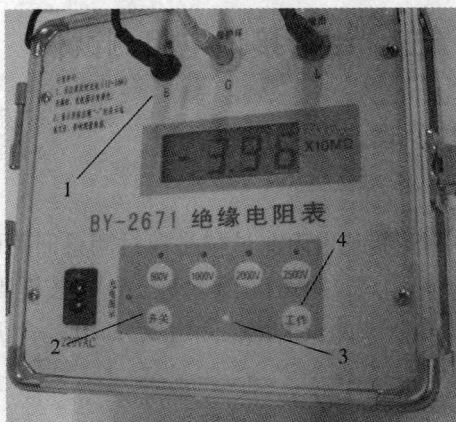

图4－4　绝缘电阻表

1—接地E；2—开关键；3—LCD指示灯；4—"工作"按键。

与测量的部分连接,以消除其他泄漏所引起的误差。

(4)测量绝缘电阻。按下"工作"按键,高压指示红灯亮,LCD显示的稳定示值即为被测的绝缘电阻值。

(5)仪器关机。轻按下"工作"按键,关闭高压,然后按下电源开关,关机。

(三)使用保养注意事项

(1)数字绝缘电阻表存放时,应注意环境温度和湿度,温度为$0\sim40℃$,相对湿度为$0\sim85\%$,放于干燥通风处,防尘、防潮、防振、放酸碱及腐蚀气体。

(2)被测物体为带电体时,必须先断开电源,然后测量,否则会危及人身设备安全。

(3)数字绝缘电阻表的E、L端(图4－4所示的黑、红表笔端)之间开启高压后有较高的直流电,人体不可触及。

(4)严格按计量器具周期检定计划送检,检定合格后才能使用。

三　钳形接地电阻测试仪

（一）结构原理、规格、用途

1. 结构原理

ETCR2000 钳形接地电阻测试仪是通过测量回路电阻来快速实现接地电阻测试。测试仪由钳口、显示屏、开关、按键等组成，其中测试的钳口部分由电压线圈及电流线圈组成，如图 4 - 5 所示。

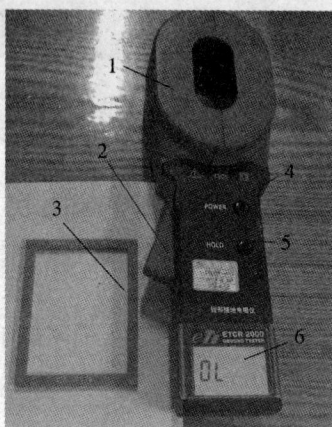

图 4 - 5　钳形接地电阻测试仪

1—钳口；2—扳机；3—测试环；4—开关；5—保持键；6—显示屏。

钳形接地电阻测试仪的工作原理：测量回路电阻，电压线圈提供激励信号，并在被测回路上感应一个电势 E。在电势 E 的作用下将在被测回路产生电流 I。仪表对电势 E 及电流 I 进行测量，并通过公式：

$$R = E/I$$

即可得到被测电阻 R，并由液晶显示屏显示出来。

2. 所用规格

钳形接地电阻测试仪的量程规格：$0.1\Omega \sim 1000\Omega$；

分度值:0.01Ω;

精度:±(1% +0.01Ω)。

3. 主要用途

用于电力、电信、气象、油田、建筑以及工业电器设备的接地电阻测量。

(二) 使用方法

1. 检查外观

钳形接地电阻测试仪的表面不应有划伤、裂纹、碰伤及其他缺陷。液晶显示屏显示数字应清晰、稳定,无影响测量的缺陷。

2. 测量方法

(1) 通电开机。仪表按下"POWER"(开关键)按钮后,仪表通电。液晶屏的显示如图 4-6 所示,此时钳形表处于开机自检状态(注意:此时不能翻转钳形表,保持钳形表的自然状态;对钳形表手柄不可施加任何外力,否则,不能保持测量的准确性)。

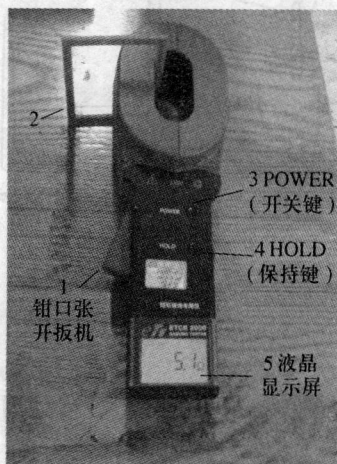

图 4-6　测试示意图

1—扳机；2—测试环；3—开关键；4—保持键；5—显示屏。

（2）自检结束。开机自检结束后，液晶显示为"OL"，表明自检结束，进入测量状态。

（3）校对"测试环"。张开钳口，将测试环置于钳口中心，"测试环"的标称值为 5.1Ω，显示仪表亦应显示为 5.1Ω（允许偏差：±0.15Ω；注意："测试环"的标称值是在温度为 20℃下测得的值），即校对零位合格。

（4）测量电阻。扣压扳机，将钳形表的钳口张开并钳住待测回路，即可从液晶显示屏上读出电阻值。

若被测接地电阻未形成测量回路，即单点接地系统，从原理看，对单点接地是测不出来的，但完全可以人为地制造一个回路进行测量。

例如，如图 4-7 所示测接地电阻 R_A。

第一步：将 A 和 B 用一根导线连接起来（图 4-7），用钳形表测出第一个读数 R_1；

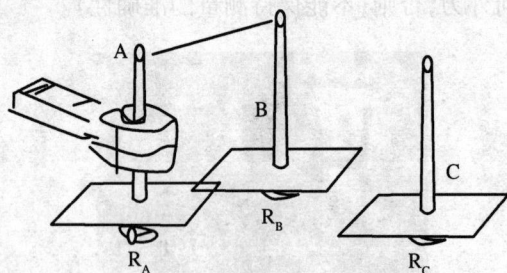

图 4-7　将 A、B 连接起来

第二步：将 B 和 C 连接起来（图 4-8），并用钳形表测读出第二个数据 R_2；

第三步：将 C 和 A 连接起来（图 4-9），并用钳形表读出第三个数据 R_3。

上述三步中，每一步所测得的读数都是两个接地电阻的串联值，则：

$$R_1 = R_A + R_B$$

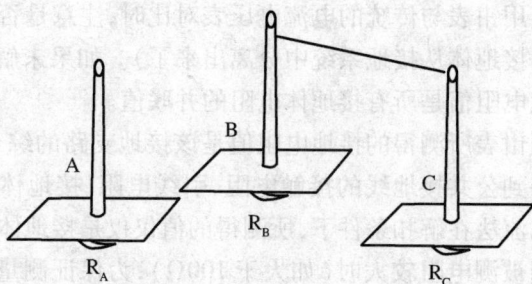

图 4 - 8 将 B、C 连接起来

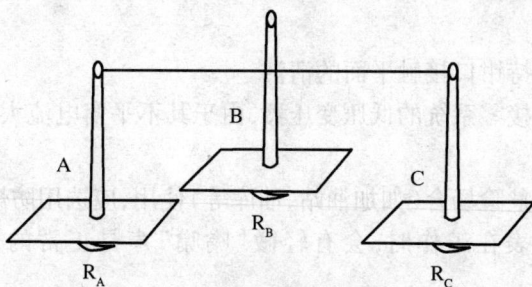

图 4 - 9 将 A、C 连接起来

$$R_2 = R_B + R_C$$
$$R_3 = R_C + R_A$$

所以

$$R_A = (R_1 + R_3 - R_2)/2$$

即可求出接地体的接地电阻值。

(5) 用毕关机。使用完毕,按"POWFR"(开关键)按钮,即关机。若未关机,较长时间不用时,该表会自动关机。

(三) 使用保养注意事项

(1) 开机自检时,应使仪表处于松弛的自然状态,单手握持仪表时手柄不可接触钳柄。

(2) 自来水管有时也可以作为一个参照的接地体。

231

（3）当用钳表与传统的电流电压表对比时，注意是否解扣了（即是否把被测接地体从接地系统中分离出来了）。如果未解扣，那么所测量的接地电阻值是所有接地体电阻的并联值。

（4）用钳表所测得的接地电阻值是该接地支路的综合电阻。它包括该支路到公共接地线的接触电阻、引线电阻、接地体电阻（传统的电压—电流法在解扣条件下，所测得的值仅仅是接地体电阻）。

（5）当被测电阻较大时（如大于 100Ω），为保证测量准确性，最好在按"POWER"按钮前（即仪表通电之前），按压钳柄使钳口开合 $1\sim2$ 次，再启动仪表。这对保证大于 100Ω 电阻的测量准确性是很重要的。

（6）保持钳口接触平面的清洁。

（7）对接零系统的低压变压器，由于其不平衡电流太大，需停电测试。

（8）在危险场合（如加油站、油库等）使用，应选用防爆式。

（9）仪表在工作时，会有轻微"嗡嗡"声是正常的，这就是交流声。

（10）长时间不用本仪表时，要从钳形表电池仓中取出电池。

（11）注意，传统电压—电流法必须要设置辅助电极。辅助电极的位置必须符合要求，否则会带来布极误差。另外，在被测接地系统周围，可能找不到土壤，更可能找不到符合距离要求的土壤。在这种情况下，传统方法是无能为力的。

（12）严格按计量器具周期检定计划送检，检定合格后才能使用。

四　钳形电流表

（一）结构原理、规格、用途

1. 结构原理

钳形电流表由交流电流钳口、功能开关、液晶显示器、测试表笔以及机内 A/D 转换器组成，如图 4-10 所示。

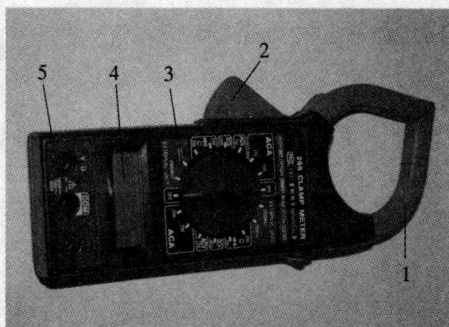

图 4-10 测试示意图

1—钳口；2—扳机；3—功能开关；4—液晶显示器；5—测试笔插。

2. 常用规格

钳形电流表接通电源后(以 HD9591 型钳型电流表为例)，电流表功能开关可随需要扳至所需功能挡：可测定交流电流 20A、200A、1000A。当交流电压为 200V 时，可分辨 0.1V；为 700V 时，可分辨 1V。直流电压为 200V、1000V、可分辨 1V。电阻挡有 $2k\Omega$、$20k\Omega$、$200k\Omega$、$2m\Omega$ 以及二极管通断(显示近似二极管正向通断及蜂鸣器响，当被测线路电阻低于 30Ω 时，机内蜂鸣器响)功能。

示值精度：

交流电流，误差极限 $\pm(2.0\% +5)$；

交流电压，200V，$\pm(1.0\% +3)$；700V，$\pm(2.0\%)$。直流电压，200V，$\pm(0.5\% +1)$，1000V，$\pm(1.0\% +2)$。

电阻 $2k\Omega$，$\pm(1.5\% +5)$；$200k\Omega$，$\pm(1.5\% +10)$；$20M\Omega$，$\pm(1.5\% +10)$。

3. 主要用途

钳形电流表主要用于非接触测量电力线路、工业电炉等电器设备电线中的交流电流，以及直接测量直流电流、电阻、二极管通断等常用电工参数。

（二）使用方法

1. 检查外观

钳形电流表的表面不应有划伤、裂纹、碰伤及其他缺陷。液晶显示屏显示数字应清晰、稳定,无影响测量的缺陷。

2. 测量方法

1）交流电流测量

（1）将功能开关置于交流电流量程范围。

（2）按下扳机,张开钳头,把导线置于钳头内,合上钳头,即可测的导线的电流值。

（3）被测电线应当置于钳头的中心位置,确保精确,不可同时测两根。

（4）从液晶显示器上读数。

2）直流电压测量

（1）将仪表笔插入"VΩ"和插入"com"插孔(图 4 - 11)。

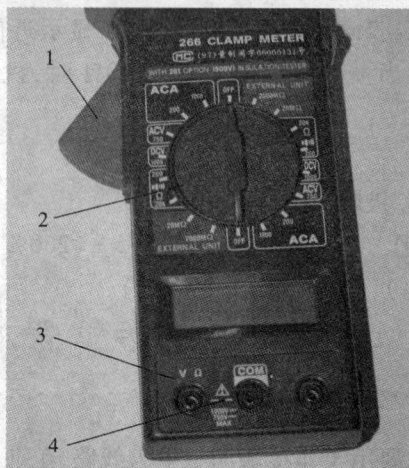

图 4 - 11　测试示意图

1—扳机; 2—功能开关; 3—VΩ 插孔; 4—com 插孔。

(2) 将功能量程开关置于直流电压量程范围,并将表笔连接到待测电源或负载上,红表笔所接端的极性将同时显示在液晶显示器上。

(3) 从显示器上读取测量结果。

3) 交流电压测量

(1) 将红表笔插入 VΩ 插孔,黑表笔插入"com"插孔(图 4-11)。

(2) 将功能开关置于交流电压量程范围,并将表笔连接到待测电源或负载上。

(3) 从液晶显示器上读取测量结果。

4) 电阻测量

(1) 将红表笔插入"Ω"孔,黑表笔插入"com"孔(图 4-11)。

(2) 将功能开关置于所需的欧姆量程位置,并将表笔连接到被测电阻上。

(3) 从显示器上读取测量结果。

5) 二极管测试

(1) 将红色表笔插入"Ω"孔,黑色表笔插入"com"孔(图 4-11),此时红色表笔极性为内电路的正极。

(2) 将功能开关置于二极管符号的位置,红表笔接测二极管的阳极,黑表笔接到被测二极管的阴极。

(3) 从显示器上读取测量结果(此结果为被测二极管的近似正向降压值)。

6) 电路通断测试

(1) 将红表笔插入"⊢Ω"插孔,黑表笔插入"com"插孔(图 4-11),此时红表笔极性为内电路的正极。

(2) 将功能开关置于"⋙"量程位置,表笔连接到被测电路的两点。如果该两点的电阻低于30Ω,内置蜂鸣器会发出声音,说明两点导通。

（三）使用保养注意事项

（1）数字钳形表不能暴露于强光，以及高温和潮湿的地方，不能剧烈碰撞。

（2）在打开表后盖之前，应确认表笔已经从测量电路中断开，以防触电。

（3）清洁仪表只能用拧干的湿布和少量的洗涤剂，切忌用其他化学溶剂擦拭表壳。

（4）仪表若有任何异常，应立即停用并送维修检查。

（5）测量高于交流 30V 或直流 60V 的电压时，务必小心，手指不要超过表笔挡手部分，以防触电。

（6）不要测量高于允许输入值的电压，在不确定被测量大小时，将功能开关置于最大量程范围，然后逐渐降低直至取得满意的分辨力；如测电流事先不知道范围，可置于 1000A 挡，然后逐渐降低，直至取得满意的分辨力。

（7）测直流电时，与测交流电一样，若被测电压事先不知，可先将开关置于最大量程，如果显示"oL"表示超过量程，功能开关置于更高量程。不要输入高于 1000V 的电压，这有损坏仪表内电路的危险。

（8）如果被测电阻值超过所选择量程的最大值，显示将出现"oL"，此时选择更高量程，检查在线电阻时，必须先将被测电路中所有电源断开，并充分放电，测量 $1M\Omega$ 以上的电阻时，可能需要几秒后读数才会稳定，这对于高阻值测量是正常的。

（9）有的数字钳形表具有频率测量功能，频率挡从 2kHz～20kHz，共包含 5 个量

图 4-12　温度传感器

236

程,根据被测信号频率自动切换。频率挡信号最大输入幅度一般为10V,不要输入高于250V的电压,以免损坏线路。

(10) 有的数字钳形表有温度测量功能,将功能开关置于温度量程挡,将温度传感器的插头插入温度测量的输入插孔,将温度传感器(图4-12)的测量端置于被测物体的表面或内部,从显示器上读取结果。一般选用K型(镍铬—镍硅)热电偶温度传感器。

(11) 严格按计量器具周期检定计划送检,检定合格后才能使用。

五　接地电阻表

(一) 结构原理、规格、用途

1. 结构原理

接地电阻表是根据电位计原理设计的,由手摇交流发电机、相敏整流放大器、电位器、电流互感器及检流计构成,全部密封于携带式外壳内,如图4-13所示。

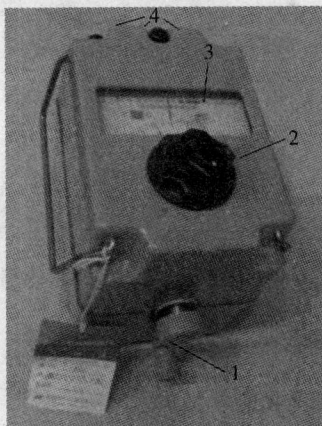

图4-13　接地电阻表

1—发电机；2—电位器；3—检流计；4—接线柱。

2. 常用规格

以 ZC – 8 接地电阻表为例,主要量程见表 4 – 1。

表 4 – 1　接地电阻表量程规格

仪表规格	测量量程	最小分度值
(0 ~ 1/10/100)Ω	(0 ~ 1)Ω	0.01Ω
	(0 ~ 10)Ω	0.1Ω
	(0 ~ 100)Ω	1Ω
(0 ~ 10/100/1000)Ω	(0 ~ 10)Ω	0.1Ω
	(0 ~ 100)Ω	1Ω
	(0 ~ 1000)Ω	10Ω

3. 主要用途

接地电阻表主要用于直接测量各种接地装置的接地电阻值,也可测量一般低电阻,4 个接线端钮(图 4 – 14)的接地电阻表还可以测量土壤电阻率。

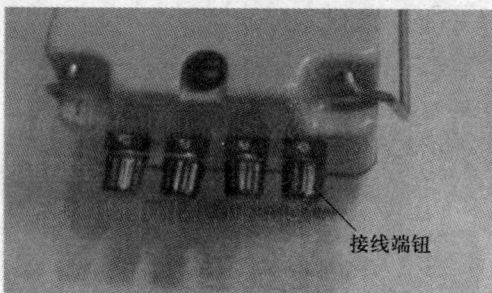

图 4 – 14　接地电阻表的 4 个接线端钮

(二) 使用方法

1. 检查外观

接地电阻表的表面不应有划伤、裂纹、碰伤及其他缺陷。表盘及刻度应清晰,无影响测量的缺陷。

2. 测量方法

1）接地电阻的测量

（1）沿被测接地极 E_1（图4－15），使电位计探测针 P_1、电流探测针 C_1 依直线彼此相距20m,且电位探测针 P_1 插于接地极 E_1 和电流探测针 C_1 之间。

（2）用导线将 E_1、P_1、C_1 连接于仪表相应的端钮。将仪表放置水平位置,检查检流计是否指在中心线上,否则可用调零器将其调整指于中心线。

（3）将"倍率标度"置于最大倍数,慢慢转动发电机摇把,同时旋动"测量标度盘",使检流计指针指于中心线。

（4）当检流计的指针接近平衡时,加快发电机摇把的转速,使其达到120r/min 以上,调整"测量标度盘"使指针指于中心线上。

（5）如"测量标度盘"的读数小于1时,将"倍率标度"置于较小标度倍数,再重新调整"测量标度盘"以得到正确读数。

（6）用"测量标度盘"的读数乘以"倍率标度盘"的倍数即为所测到的接地电阻值。

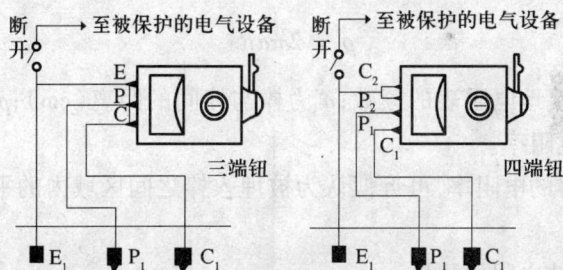

图4－15　接地电阻表的接线示意

2）土壤电阻值的测量

（1）具有4个接线端钮的接地电阻表可以测量土壤电阻率,如图4－16所示。在被测区沿直线埋入地下4根棒,彼此相距"acm 棒的埋入深度应不超过 a 距离的 $1/20$,检测连线如图4－17所示。

（2）打开 C_2 和 P_2 的连接片,用4根导线连接到相应的探测棒

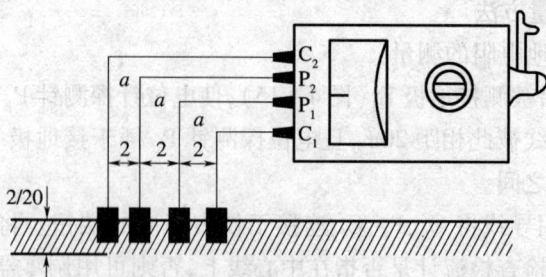

图 4 - 16　接地电阻阻表测土壤电阻率示意

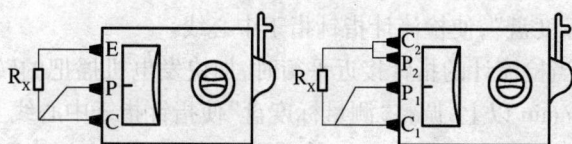

图 4 - 17　接地电阻表检测连线

上,测量方法与接地电阻的测量方法相同。

所测电阻率为

$$\rho = 2\pi a R$$

式中:R 为接地电阻表的读数;a 为棒与棒间的距离(cm);ρ 为该地区的土壤电阻率。

所测得的电阻率,可近似认为被埋入棒之间区域内的平均土壤电阻率。

3)导体电阻的测量

对于 3 个接线端钮的仪表,短接 P、C 两端钮后,将被测电阻接 E 及 P、C 间即可。对于 4 个接线端钮的仪表,将 C_1、P_1 短接及 C_2、P_2 短接,然后将被测电阻分别接 C_1、P_1 和 C_2、P_2 间。

(三)使用保养注意事项

(1)当检流计的灵敏度过高时,可将电位探测针插入土壤浅一些;当大地干扰信号较强时,可以适当改变手摇发电机的转速(快慢视干扰信号强弱而定),提高抗干扰能力,以获得平衡读数。

(2)当接地极 E_1、电流探测针 C_1 之间距离大于 40m 时,电位计探测针 P_1 的位置可插在离开 E_1、C_1 中间直线几米之外,其测量误差可忽略不计。当接地极 E_1、电流探测针 C_1 之间的距离小于 40m 时,则应将电位计探测针 P_1 插在 E_1 与 C_1 的直线之间。

(3)当用 4 个接线端钮($0 \sim 1/10/100$)Ω 规格的仪表测量小于 1Ω 电阻时,应将 C_2、P_2 接线端钮的连接片,分别用导线连接到被测接地体上,以消除测量时连接电阻而产生的误差。

(4)接地电阻表使用或移动时应小心轻放,避免剧烈振动,以防仪表内轴尖宝石轴承受损,而影响指示精度及功能。

(5)仪表保存于周围空气温度 0 ~ 40℃,相对湿度不大于 85% 的地方,定置摆放。

(6)置于空气中不含腐蚀性气体的地方。

(7)严格按计量器具周期检定计划送检,检定合格后才能使用。

六 指针式万用表

(一)结构原理、规格、用途

1. 结构原理

万用表又称万能表、三用表、繁用表,由表头指示部分、测量电路和转换装置(转换开关、接线柱、按钮、插孔)等组成,如图 4 - 18 所示。

电阻转换装置根据测量者的测量需求,实现不同测量电路的选择,测量电路的作用则是将被测量转换成能为测量机构所接受的过渡量(电磁量),即磁电系测量机构所需的直流电流,表头指示部分的磁电可动线圈在直流电流产生磁场与永久磁铁的磁场相互作用而发生偏转,带动指针沿着表头刻度标尺直线位移或角位移,这样,被测量值可直接从刻度标尺上读出。

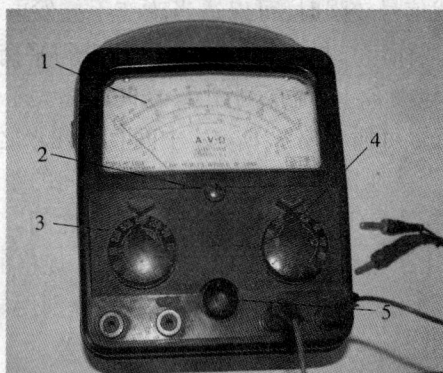

图 4 - 18　万用表的外观及结构

1—指示表头；2—调零螺钉；3—功能转换开关；

4—电阻、电流转换开关；5—电阻调零器。

2. 常用规格（以 MF500A 型万用表为例）

（1）直流电压：0～2.5V，0～10V，0～50V，0～250V；

灵敏度：20000Ω/V；当 500V 时，灵敏度：4000Ω/V；

（2）交流电压：0～10V，0～50，0～250V，0～500V；

灵敏度：4000Ω/V；当 2500 时，灵敏度：4000Ω/V。

（3）直流电流：0～50μA，0～1mA，0～10mA，0～100mA，0～500mA；灵敏度：≤0.75V；当 50A 时，灵敏度：0.3V。

（4）交流电流：5A；灵敏度：≤1V。

（5）电阻：0～2kΩ；0～20kΩ；0～200kΩ；0～2MΩ；0～20MΩ。

（6）音频电平：-10dB～+22dB。

（7）示值误差：≤2.5%。

3. 主要用途

万用表可以测量多种电参数，如电压、电流、电阻等。

（二）使用方法

1. 检查外观

检查万用表的外观应完好无损；轻轻摇晃时，指针应摆动自如。

2．使用前的调整

（1）拨动转换开关，应切换灵活，指示量程挡位应准确。

（2）水平放置万用表，进行机械调零（如图 4 – 19 所示的"调零螺钉"），即转动表盘上的机械调零螺钉，使指针对准标度尺左边的"零"位，以减少测量误差。

图 4 – 19　万用表的机械调零螺钉

（3）使用前，用电阻挡检查表笔线是否完好，即用电阻挡检查表笔线（两表笔线短接）通不通，通路，则表明表笔线可用。

（4）测量电阻前，应进行欧姆调"零"（电器调零），将挡位开关置于电阻挡，两表笔短接，调整"零"欧调整器旋钮，使指针对准欧姆标尺右边的"零"位线，以检查万用表内电池电压。如果指针不指"零"欧，则应更换电池。

3．测量直流电阻

（1）断开被测电阻的电源及连线，否则，将烧坏仪表或使测量不准确。

（2）根据被测电阻值选择量程合适的挡位，使被测点在所选挡范围的中间。当被测电阻值无法估计时，应选择"中间挡"，如选用"R×100"挡。一方面该挡位使用 1.5V 表内电池，不会对 IC 等易坏元器件击穿而导致损坏；另一方面，先置于中间挡位时可减少换挡次数，从而减少切换开关的机械磨损。

（3）将两表笔分别接触被测电阻的两端，稍微用力使表笔接触良好,以免产生测量电阻。同时,手不得触及表笔的金属部分,以防将人体电阻与被测电阻并联,使测量不准。

(4)读取测量结果,指示数应乘以倍率就为实测值。

(5)测量完毕,应将转换开关旋至空挡或交流电压最大挡。这样既可以防止在电阻挡上表笔短接消耗电池,还可以防止下次使用时忘记换挡,误用电阻挡测量电压或电流而烧毁万用表。

(6)不允许用电阻挡直接测量微安表头、检流计、标准电池的直流电阻。

4. 测量电压

(1)测量电压时,表笔应与被测电路并联连线。

(2)在测量直流电压时,应分清极性,即红表笔接正极(图4-20),黑表笔接负极(如无法区分正、负极,应先将一只表笔触紧测量点,另一只表笔轻轻碰触另一测量点,若指针反向偏转,应立即调换表笔)。

图 4-20 万用表的"+""-"插孔

(3)应根据被测电压值选择量程合适挡位。选挡原则:一般测380V,应选 500V 挡;测量 220V 时,应选 250V 挡;无法估计时,应选择最大量程挡。

(4)测量中,应与带电体保持安全距离,手不得触及表笔的金属部分,防止触电;同时,还要防止短路和表笔脱落。测量高压时(500V~2500V),应戴绝缘手套,双脚应踏在绝缘垫上进行,并使用高压测试表笔,测量中不得换挡。

（5）读出测量值。注意:对于测试结果,指针指在标度尺满刻度的 2/3 位置处较好,即指示值越接近满刻度,测量越准确。

（6）使用完毕,应置于空挡或"OFF"或电压最高挡。

5. 测量电流

（1）测量电流时,仪表应串接在被测电路中,严禁并联连接,以防仪表损坏。

（2）测量直流电流时,应分清" + "、" – "极性。

（3）根据被测电流值选择合适的量程挡位,被测电流值无法估计时,应选择最大量程挡。

（4）测量中不允许带电流换挡。测量较大电流时,应断开电源后再拆回表笔。

（5）指示值应乘以倍率为实测值。

（6）万用表用毕,置于空挡或"OFF"或电压最高挡。

（三）使用保养注意事项

（1）用万用表测量高电压或大电流时,特别危险,应有监护人员。监护人员的技术等级原则上要高于测量操作者。监护人员的作用:一是使测量人员与带电体保持规定的安全距离;二是监护正确使用仪表和测量;三是安全提示,确保安全。

（2）测量高压或大电流时,不能用手触摸表笔的金属部分,以保证安全和测量准确。

（3）测量高压或大电流时,不能在测量时旋动转换开关,避免转换开关的触点产生电弧而损坏切换开关。

（4）要注意被测量对象的极性,避免指针反转而损坏仪表;测量直流时,红表笔接正极,黑表笔接负极。

（5）当不知道被测电压或电流有多大时,应先将量程挡置于最高量程挡,然后再向低量程挡转换。

（6）测量完毕,应将转换开关旋至电压最高挡或空挡,这样可以防止转换开关放在电阻挡时表笔短路短接,长期消耗表内电池。更重要的是,防止下次测量时,忘记旋转转换开关而损坏仪表。

（7）严格按计量器具周期检定计划送检,检定合格后才能使用。

七　指针式兆欧表

（一）结构原理、规格、用途

1. 结构原理

指针式兆欧表由发电机手柄、指示表头及接线柱等组成,如图4 -21所示。

图 4 - 21　指针式兆欧表的外观及结构
1—发电手柄; 2—指示表头; 3—接线柱。

兆欧表的结构组成部分是一台手摇发电机和磁电式比率计,磁电式比率计有两个动圈,无产生反作用的游丝,动圈的电流由导热丝引入,动圈内的圆柱形铁芯上有缺口两个动圈彼此构成一固定的角度 α,并连同指针一起都固定在同一轴上,当发电机手柄达到最大转速时,指针指示出被测绝缘电阻。

2. 常用规格

指针式兆欧表输出电压有 250V、500V、1000V 以及 2500V 等;可测绝缘电阻 0~10000MΩ;测量允许误差 ±10%。

3. 主要用途

指针式兆欧表用于测量各种电器设备、电机、电缆、变压器、家用电器和其他电器的绝缘电阻。

(二) 使用方法

1. 检查外观

检查兆欧表的外观应完好无损;轻轻摇晃时,指针应摆动自如。

2. 使用前的调整

(1) 短路放电。测量前切断被测设备或线路的电源,并将接地端短路放电。

(2) 查看零位。测量前检查兆欧表的零位和测绝缘性能。即将"线路"和两接线柱短路,缓缓转动发电手柄,看指针是否指零位(图4-22),若指零位,则表明兆欧表正常可使用;若不指零位,应修复故障。

图4-22 兆欧表两接线柱短路,指针指零

(3) 测量数据。缓缓转动兆欧表的发电手柄,应保持120r/min匀速摇转,1min后读数,此读数即为测量值。切忌转速时快时慢。

（4）用毕拆线。测量完毕，拆卸接线，妥善放好兆欧表。

（三）使用保养注意事项

（1）兆欧表应放置于干燥、无震动、防尘的地点。

（2）兆欧表测量完毕后，在未停止转动和被测物体没有放电前，不允许用手去触及被测电路或拆卸导线，以免触电。

（3）严格按计量器具周期检定计划送检，检定合格后才能使用。

第五部分 声学类、时间类、振动类计量器具

一 声 级 计

（一）结构原理、规格、用途

1. 结构原理

声级计是噪声测量中最基本的仪器,由噪声传感器、液晶显示器、开关键、峰值键、置零键、快慢键以及内部的电子集成电路等组成,如图 5 - 1 所示。

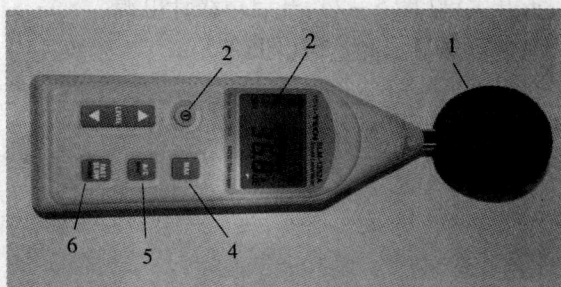

图 5 - 1 声级计的外观及结构

1—噪声传感器；2—液晶显示器；3—开关键；4—峰值键；5—置零键；6—快慢测量键。

声级计的工作原理:由传感器将声音转换成电信号,再由电子集成电路中的前置放大器变换阻抗使传感器与衰减器匹配。集成电路中的放大器将输出信号加到计权网络,对信号进行频率计权(或外接滤波器),然后再经衰减器及放大器将信号放大到一定的幅值,送到有效值检波器(或外接电平记录仪),在指示表头上指示出噪声声级的数值。

2. 常用规格

测量范围:30dB～130dB;35dB～130dB。

测量精度:±1.5dB。

频率响应:8.5Hz～31.5Hz。

3. 主要用途

声级计主要用于测量设备、汽车、摩托车、减速机构转动噪声和住宅环境噪声。

(二) 使用方法

1. 检查外观

检查声级计的外观应完好无损;显示屏应清晰,数据无缺损,无影响读数的缺陷。

2. 测量噪声

(1) 装上噪声测量传感器。

(2) 按下开关键(图5－2),开启声级计电源。

(3) 液晶显示屏显示测量值(图5－2)。

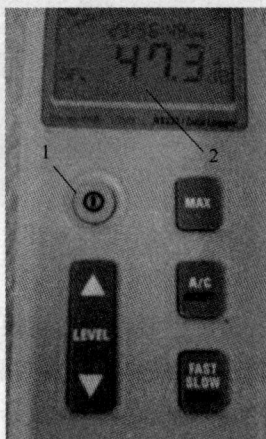

图5－2　声级计键显区

1—开关键;2—液晶显示器。

（4）若需保持峰值，按峰值键，可保留最大测量噪声数据。

（三）使用保养注意事项

（1）声级计使用环境的选择。选择有代表性的测试地点，声级计要离开地面，离开墙壁，以减少地面和墙壁的反射声的附加影响。

（2）天气条件要求无雨、无雪；风力在三级以上必须加风罩（以避免风噪声干扰），五级以上应停止测量。

（3）根据需要记录数据，同时也可以连接打印机或者其他计算机终端进行自动采集，连线如图 5 - 3 所示。

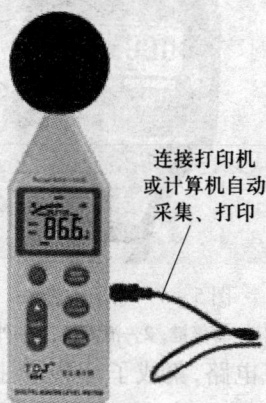

连接打印机或计算机自动采集、打印

图 5 - 3　声级计连接打印

（4）声级计应保持传感器膜片清洁，用后擦净灰尘。

（5）用后妥善放入测量仪器盒中。

（6）小心轻放，严禁撞击。

（7）放置在无腐蚀气氛、干燥、无震动源的环境中；不得与工具、刀具等杂物混放。

（8）严格按计量器具周期检定计划送检，检定合格后才能使用。

二 电子秒表

（一）结构原理、规格、用途

1. 结构原理

电子秒表由外壳、一块独立构成的记时集成电路芯片及连线、LED 显示器组成,如图 5 - 4 所示。

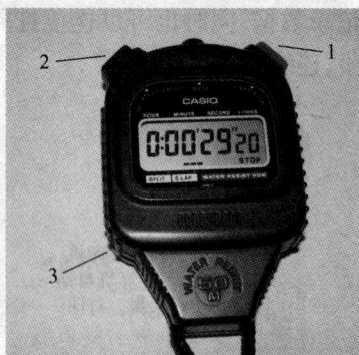

图 5 - 4 电子秒表
1—启动/暂停键; 2—清零键; 3—外壳。

电子秒表内的集成电路,集成了计数器、振荡器、译码器和驱动电路等,能对秒以下时间进行精确记时,具有清零、启动计时、暂停计时及继续计时等控制功能。

2. 常见规格

显示精度:1/100s;

显示排数:1 排 ~ 3 排;

记忆数:10;

液晶视窗尺寸:27.5mm ~ 40mm。

3. 主要用途

电子秒表主要用于测量运动时间、工业化验反应时间、热处理时间等参数。

（二）使用方法

1. 检查外观

检查秒表的外观应完好无损；显示屏应清晰，数据无缺损，无影响读数的缺陷。

2. 测量时间

（1）按下"启动/暂停"键，秒表计时开始。

（2）到达计时点时，即按下"启动/暂停"键，LED 显示出被测时间。

（3）清"零"。按下"清零"键，原测量的时间数值消失，即可进行新的测量。

（三）使用保养注意事项

（1）小心轻放，不允许碰撞。

（2）定置摆放，不允许与工具混放、磕碰。

（3）防潮、防尘，以免电子线路失灵。

（4）严格按计量器具周期检定计划送检，检定合格后才能使用。

三　振动测量仪

（一）结构原理、规格、用途

1. 结构原理

振动测量仪由传感器接口、传感器、液晶显示屏、功能键、开关键、仪器外壳和电源开关以及连接导线、螺纹接口组成，如图 5 - 5 所示。

振动测量仪工作时，振动传感器感知被测物体振动，转换成电信号输入测量仪，测量仪电路处理信号后，测得值通过液晶显示屏显示出来。

2. 常见规格

采样频率：50kHz；频率误差：0.01%；功耗：10W。

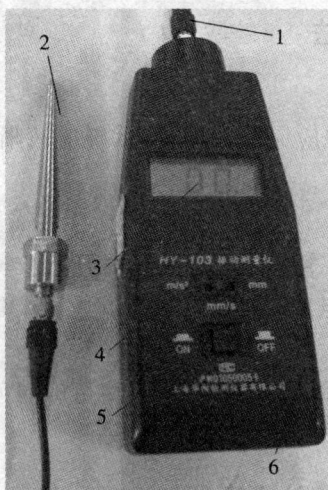

图 5 – 5　振动测量仪

1—传感器接口；2—传感器；3—液晶显示屏；4—功能键；

5—开关键；6—仪器外壳。

3．主要用途

振动测量仪可用于公路、铁路、桥梁、机械、土木、水利、地质、勘测、军工、航空航天、科研院校以及车间部门定量测量物体的振动大小等参数。

（二）使用方法

1．检查外观

检查振动测量仪的外观应完好无损；显示屏应清晰，数据无缺损，无影响读数的缺陷。

2．振动测量

（1）从测量仪盒（厂家提供）中取出测量仪和振动传感器及连接导线。

（2）将传感器连接导线一端的螺纹接口旋入测量仪接口，使传感器与测量仪本体连接良好。

（3）按下电源开关,液晶显示屏显示"00.0"时(图5-6),仪器正常;通电10min,无异常,可测量。

图5-6　振动测量仪的测量示意图

（4）拨动"功能开关",置于"mm"挡(图5-6)。

（5）将振动传感器尖头竖直向下,测量尖头竖直轻轻接触被测设备表面(图5-6)。

（6）液晶显示屏显示出测量数据,这个数据就是被测设备的振动值。

（7）按电源开关,关闭电源,液晶显示屏显示消失。

（三）使用保养注意事项

（1）用后擦净灰尘。

（2）松脱连接导线与测量仪本体的螺纹接口,妥善放入测量仪盒中。

（3）小心轻放,严禁撞击。

（4）放置在无腐蚀气氛、干燥、无震动源的仪器柜中,不得与工具、刀具等杂物混放。

（5）严格按计量器具周期检定计划送检,检定合格后才能使用。

第六部分 光学类计量器具

一 手持式折光仪

（一）结构原理、规格、用途

1. 结构原理

折光仪是根据不同浓度的液体具有不同的折射率这一原理设计而成，是利用光线来测试液体浓度的仪器，如图6-1所示。

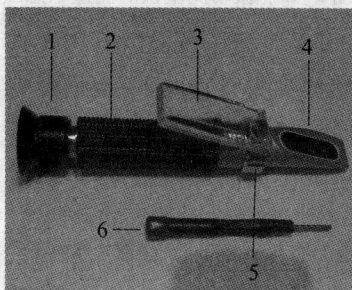

图6-1 折光仪的外观及结构

1—接目镜；2—橡胶套；3—进光玻板；4—折光棱镜；
5—零位校正螺钉；6—校零位专用螺丝刀。

折光仪由接目镜、进光玻板、折光棱镜等零部件构成。

2. 常见规格

测量范围：当0~20%时，分辨率为0.1%；当0~32%时，分辨率为0.2%。

3. 主要用途

折光仪是精密光学仪器，具有使用快速简便、测定准确、重量轻、体积小等优点，用于热处理淬火液检测和制糖（如测量糖量）、食品、

256

饮料、农业科研等行业。

在工厂中,折光仪主要用于汽车电瓶液、冷冻液、机床润滑液、切削液、淬火液的浓度测量。

(二) 使用方法

1. 检查外观

折光仪的外观应完好无损;目镜与物镜应清晰,无影响读数的缺陷。

2. 测量浓度

(1) 四指持仪。使用手持式折光仪时,用左手四指握住橡胶套,右手调节目镜,防止体温传入仪器,影响测量的精度。

(2) 打开棱镜。打开进光玻板,用柔软的绒布将折光棱镜擦拭干净。

(3) 校"零"位:

① 将蒸馏水 2 滴 ~3 滴,滴在折光棱镜镜面上;

② 轻轻合上进光玻板(图 6 - 2),使溶液均匀分布于棱镜表面;

③ 将折光棱镜镜面向上对准光源或明亮处;

④ 眼睛通过接目镜观察视场;

⑤ 若视场明暗界线不清楚,则旋转接目镜使视场清晰;

⑥ 旋转校零螺钉(图 6 - 2),使明暗分界线置于零位刻线上,校零结束。

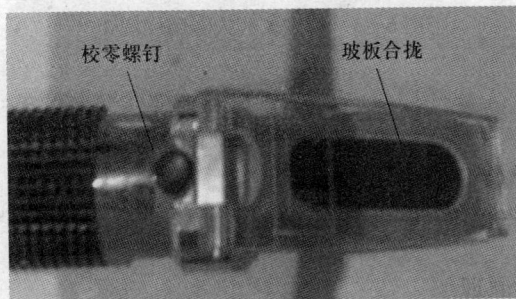

图 6 - 2　折光仪的测量示意图

（4）测量浓度。擦净蒸馏水，换上被测试溶液,同样重复校"零"位步骤①至步骤④,此时通过接目镜所看到的清晰明暗分界线所对应的分划刻度线即为所测溶液的浓度值。

（三）使用保养注意事项

（1）使用完毕,严禁直接将折光仪放入水中清洗,应用干净柔软绒布蘸蒸馏水擦拭,然后将被测溶液及蒸馏水擦拭干净,防止镜头生霉。

（2）小心轻放,以防跌落、碰撞、剧烈震动。

（3）仪器清洁后放入专用仪器盒中存放（图6-3）,保持清洁干燥。同时,将仪器盒摆放在干燥、无灰尘、无油污、无酸碱等腐蚀气体处,以防光学系统腐蚀或生霉。

（4）严格按计量器具周期检定计划送检,检定合格后才能使用。

图6-3 折光仪放入专用仪器盒

二 读数显微镜

（一）结构原理、规格、用途

1. 结构原理

读数显微镜由目镜、微分筒、底座等组成,如图6-4所示,是一

图 6-4　读数显微镜

1—目镜；2—微分筒；3—调节螺钉；4—底座；5—仪器外壳。

种光学计量仪器。

2. 常见规格

读数显微镜总放大倍数为 20 倍,视场直径为 9mm,分划板最小分度值为 1mm,微分筒分度值为 0.01mm,测量准确度为 0.01mm。

3. 主要用途

读数显微镜结构小巧紧凑、操作简单方便、适用范围广泛,它可用于测量小孔直径、刻线宽度、刻线距离、槽宽、狭缝、装配清洁度杂质尺寸等长度尺寸,特别适合测量布氏硬度试验后的压痕直径尺寸,因此常用于布氏硬度试验时测试压痕直径。

(二) 使用方法

1. 检查外观

读数显微镜的外观应完好无损;目镜与物镜应清晰,无影响读数的缺陷。

2. 测量方法

(1) 调节视场清晰度。将读数显微镜放置于工作台上,在显微镜底座下放一张白纸,眼睛凑近目镜(图 6-5)观看分划板刻线是否

259

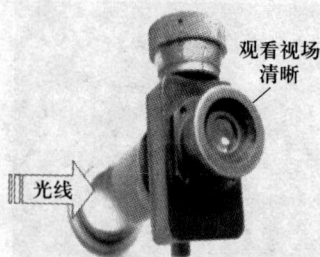

图 6 - 5　显微镜采用光源示意

清晰,若不清晰可旋动调节螺钉升降调节转动目镜,使视场分划板刻线清晰成像止。

（2）选择测量光源。测量时,可用荧光灯照明或利用自然光源。不论采用何种光源,都应注意光线应从前上方照射,如图 6 - 5 所示。

（3）测量尺寸。以测量布氏硬度压痕为例,将读数显微镜放在被测试件上(标准硬度块或零部件)。

① 眼睛凑近目镜观看并找到压痕(图 6 - 6)；

② 将压痕置于视场中央,然后轻轻微量移动读数显微镜,使视场内分划板任一毫米刻线与压痕一边相切,读取数据值(第一次读数)；

③ 转动微分筒使指标线(可移动的长竖刻线,如图 6 - 6 所示)对准压痕的另一边,读取数据值(第二次读数)；

④ 小数部分从微分筒上读取,两组数据值相减即为所测结果。

4.35-2.00=2.35(mm)

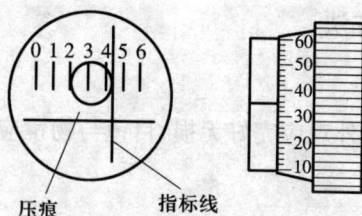

图 6 - 6　显微镜查看视场示意图

例如,如图 6 - 6 所示,第一次读数为 2.00mm,第二次读数为 4.35mm,两次读数相减即得压痕直径为

$$4.35 - 2.00 = 2.35(\text{mm})$$

(三) 使用保养注意事项

(1) 在移动微分筒测量时,显微镜不能位移,否则将造成较大误差。

(2) 尽量将被测压痕成像于视场中央。

(3) 分划板刻线及指标线与压痕对线时不能压线也不能离线,应使刻线与压痕边沿相切。

(4) 读数显微镜不允许自行拆卸,以免破坏仪器精度。

(5) 不允许撞击或磕碰。

(6) 光学镜头表面有灰尘或脏物可用吹气球或干净的软毛刷清除。若粘附油渍可用脱脂棉蘸少许乙醇乙醚混合液轻轻擦拭干净即可。

(7) 严格按计量器具周期检定计划送检,检定合格后才能使用。

三　照　度　计

(一) 结构原理、规格、用途

1. 结构原理

照度计就是测量照度的仪器,由照度传感器、液晶显示屏、开关键及内部电子线路组成,如图 6 - 7 所示。

照度计的工作原理:光线通过仪器的光探测器转换为电信号,由运算放大器放大处理信号,数字电压表测量并由液晶显示屏显示出光照度数据。

2. 常见规格

测量范围:20lx;200lx;2000lx;20000lx;

分辨率:0.01lx;

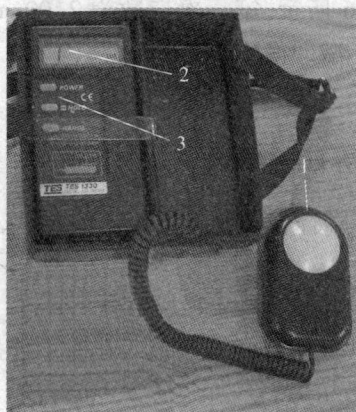

图 6 - 7　照度计的外观与结构

1—照度传感器；2—液晶显示屏；3—开关键。

取样率：约 2 次/s；

解析度：小于 10000lx；

电源：9V。

3. 主要用途

照度计是用于测量被照物体面上光照度的仪器，是光照度测量中用得最多的仪器之一。

(二) 使用方法

1. 检查外观

照度计的外观应完好无损；液晶显示屏应清晰，无影响读数的缺陷。

2. 测量方法

(1) 按下仪器的开关键"POWER"(图 6 - 8)。

(2) 仪器显示"零"位，待机 1min 使之稳定即可进入测试状态。

(3) 测试照度。在工作房间内的每一个工作地点(如书桌、工作台)测量照度时，将照度传感器感应探头面向上，保持照度传感器水

开关键

图 6 - 8　照度计的开关键

平感受光照约 2s 以上,然后由读数显示器上的液晶显示屏读出测量数值,再将所测的若干个工作地点的测量值相加后取其平均值,即为房间的照度值。

(4)高度限制。对没有确定工作地点(如书桌、工作台)的空房间或待测工作间,选定 0.8m 高的水平面测量照度。

测量前,先将测量区域划分出大小相等的方格(或接近方形),测量每一个方格中心的照度 E_i,其平均照度等于各点照度的平均值,即

$$E_{av} = \sum E_i / N$$

式中:E_{av} 为测量区域的平均照度;$\sum E_i$ 为每个测量网格中心的照度;N 为测量的点数。

(三)使用保养注意事项

(1)仪器应置于防潮湿、防振动、防磁电场的柜内定置摆放,不得与其他工具、杂物混放;

(2)轻拿轻放,不允许磕碰;

(3)严格按计量器具周期检定计划送检定,检定合格后才能使用。

第七部分　附录 计量器具使用保养"通用"管理方法

除前述几章中,对每一种量具使用保养方法中介绍的"个性"方面的使用维护保养方法外,还要注意"通用"技术方面的使用保养技巧。下面简要介绍计量器具的通用技术方面的使用保养方法,如计量器具的配置要求、标记识别、异常处理、防锈防振等。

一　配　置　要　求

（1）各生产工序必须100%配齐满足技术文件要求的计量检测（设备）器具,以满足产品质量检查的需要。

（2）配置计量器具的测量范围应选择被测量参数在量具全量程的20%～80%范围内,超出这个范围将造成计量器具寿命缩短,测量线性不理想。

（3）配置计量器具的示值精度,其允许误差一般选择为所测产品公差的1/10～1/3,最佳应选择在1/10～1/6间为宜,质量风险较小。

（4）用测量能力指数 M_{cp} 值来判断量具配置是否合理的方法:测量能力指数为

$$M_{cp} = T/3U$$

式中:T 为被测零件的允许公差;U 为计量器具的允许误差。

工艺性过程测量,M_{cp} 为 1.1～1.5;质量完成品检验测量,M_{cp} 为1.5～1.6。

（5）配置计量器具时,需特别注意引进项目中的螺纹类计量器具技术标准管理。在与外方谈判技术协议时,应注意写入要求供方提供所配置的螺纹类计量器具的相应国家的技术标准(已翻译成中文),以免外方计量标准与中国标准出现差异时影响产品质量控制。

二　标 记 识 别

(1) 常用的计量标记有如下7种:

第1种:"计量标准",红色(图7-1),表示企业最高计量标准器;标记上注明合格的有效期。

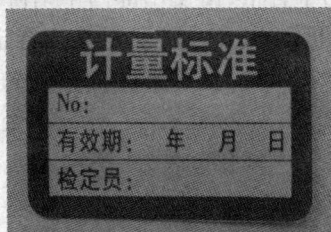

图7-1　计量标准

第2种:"合格证",绿色(图7-2),表示工作用计量检测(设备)器具经检定合格;左上角标明量具重要度 A、B、C。

图7-2　合格证

第3种:"准用证",黄色(图7-3),表示该种计量检测(设备)器具国家无计量标准,而由企业自编校准规程、方法或根据设备使用说明书进行校准、比对、测试合格后准予使用。

第4种:"限用证",蓝色(图7-4),表示该种计量检测(设备)器

图7-3 准用证

具经计量检定判定为不合格,由使用部门申请降级使用,按《不合格计量检测(设备)器具管理办法》可限定某一特定测量范围使用,并在定期检定某一特定范围时,必须标明限定的特定范围。

图7-4 限用证

第5种:"禁用证",红色(图7-5),表示经检定、校准确定为不合格,又无使用价值的计量检测(设备)器具。

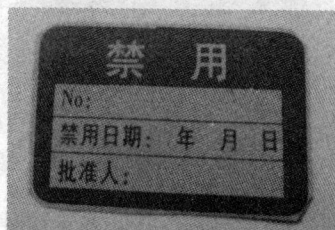

图7-5 禁用证

第6种:"封存证",紫色(图7-6),表示在生产和经营管理中较长时间不用(一般2个月以上),由使用部门提出封存申请,计量部门批准后就地封存,封存期间不安排周期检定,但必须定置摆放于干燥、无振动地方,并点检维护清洁、防锈蚀。

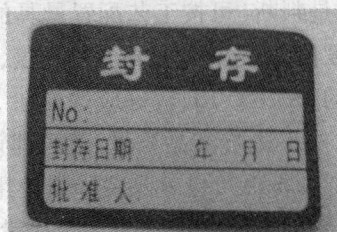

图7-6 封存证

第7种:"其他计量标记",如纸质系带式"检定合格证书"、"检定结果通知书"等。"其他计量标记"主要指对不使用上述第1种~第6种计量标记时,计量部门也可采用其他计量标记,如金属牌计量标记或直接在计量器具上刻印检定结果或采用纸质系带式的"检定合格证书"、"检定结果通知书",用于进厂入库前的计量检定标记。

(2)计量标记上的"有效期限"表示该计量检测(设备)器具的周期检定的时间间隔,即检定结果合格或准用、限用有效期到×年×月×日止。过了该有效期限,该计量检测(设备)器具即处于不确定是否准确状态,这是需杜绝和预防的。

三 异 常 处 理

1. 计量器具异常定义

计量器具的异常主要是指:检定不合格,或现场发现损坏、功能出现了可疑、过载、不稳定、超过规定的检定周期(合格证有效期过期)以及锈蚀、灰尘油污等异常的计量检测(设备)器具。

2. 检定不合格的处理方法

如果送检的计量器具经检定确定为不合格,收到"不合格通知单"后,车间应立即更换合格量具对用此件不合格量具检查的产品进行质量追溯复查,同时兼职计量员或管理人员应请本部门分管技术人员,对超差情况进行技术审核并提出处理意见,即不合格并不一定不能继续使用,关键是判断(可按工艺配置量具的原则判断:需考虑量具配置的安全裕度值,即配置计量器具的精度,其允许误差一般选择为所测产品公差的 1/6 ~ 1/10,较好应选择在 1/6 ~ 1/10 间为宜,质量风险较小)。如果不影响产品质量,就可建议"限制(限工位或限功能项目)使用"或"准用",也就是说降级使用,保证生产继续进行;另一方面着手进行更新程序,制作新的合格量具。

3. 现场发现异常的处理方法

如果是在生产现场发现上述计量器具的异常特征,如可疑、过载、不稳定、超过规定的检定周期(合格证有效期过期失效),应立即停用隔离存放,送计量部门检定。不合格的计量检测(设备)器具应在排除不合格原因,经检定合格后才能重新投入使用。

4. 不合格的质量纠正措施

当工作中发现误用不合格计量检测(设备)器具时,所在部门或班组应采取适当的纠正措施,如对误用这件不合格计量检测(设备)器具检查过的工件另换合格量具进行追溯复查,以免误判产品,造成质量事故。

5. 损坏、锈蚀的处理

当发现量具损坏后,应送计量室检查修理,填"量具损坏赔偿单",按规定处理;锈蚀、灰尘油污应立即用干净棉纱擦试,使量具恢复干净、明亮。

四 摆 放

1. 定置摆放

检查本部门现场和工具室所有计量器具保管及摆放应状态良好(有定置图,做到防锈、防尘、防油污、防水)。不允许与刀具、夹具、工具、棉纱等杂物混放。

2. 通用量具装入量具盒

游标卡尺、千分尺、万能角度尺等通用量具应放入量具盒内(图7－7),既防尘防振,又防磕碰防潮。

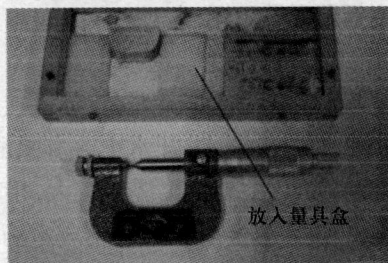

图7－7 量具要装入盒内放置

3. 简易量具摆放

对专用检具、简易测量工具应定置摆放在无振动、无电磁磁化、无潮湿、有防尘罩的自制量具盒内,如图7－8所示。

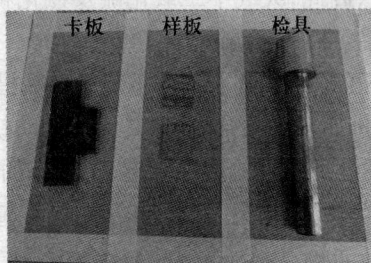

图7－8 定置摆放量具

4. 对卡板类易变形的量具的摆放

对专用量具,如卡规(板)类易变形的量具,应平放及竖直插放。

5. 棒形量具的摆放

对直径小于15mm的棒形量具和直尺类量具,如长度大于500mm的钢直尺这类易变形的计量器具,应垂直悬挂及平放放置。

五　防锈和防振

1. 计量器具生锈原因及防锈

1）计量器具生锈的原因

潮湿空气和酸性物质会侵蚀计量器具；赤手接触计量器具的金属裸露面，会在金属表面留下汗水，汗水中含有醋酸、乳酸等有机酸成分会引起计量器具生锈。雨季空气湿度较大，相对湿度达到 90%以上时，水蒸气在计量器具的金属表面凝结成水滴引起锈蚀。车间现场环境中存在大量侵蚀性物质，加速了金属锈蚀。

计量器具周边环境中的杂质和尘埃的存在，空气中的灰尘、铁屑、砂石等杂质，大多具有吸湿性，一旦落到计量器具的表面上就会成为结晶中心。空气中的水分子在此凝结，使落上灰尘的金属表面长时间处于潮湿状态，容易产生斑点锈蚀。此处，灰尘等还具有吸附其他锈蚀剂的特性，因此，大气中二氧化硫及氯化物等酸性气体都会加速计量检测（设备）器具的锈蚀。

防锈管理制度落实不到位，没有采取有效防锈措施，都将导致计量器具的表面锈蚀。例如，存放的计量器具涂抹的防锈油过期或污染未更换，将暂停使用的计量器具放置在潮湿、不干净的环境中，或用吸湿性和不透气材料作为铺垫，均会因湿气和污垢等引起计量器具生锈。

2）环境要求与防锈

计量器具防锈保存的环境要求：一般要求，尽量在相对湿度10%～85%范围内使用；若达不到，则每班防锈处理方法要变，即提高擦净、防锈处理频次。例如，每次使用完毕均要用干净的软布或棉纱擦净计量器具上的汗渍和灰尘，而不是每班使用完毕才处理。

2. 计量器具的防锈油

计量器具的防锈油是指用于防止计量器具工作面及其他部位锈蚀而涂抹的油类。有如下三种：

（1）较高级的防锈油：指标准量具、精密仪器仪表所用的防锈油。制取方法：医用凡士林和变压器油按 1∶2 比例微火熬制（去除水分）而成。

（2）普通用防锈油：对精密仪器仪表的机件可用精密仪表油，均匀涂抹。

精密仪表油由硅油及低凝点润滑油配制而成，较适合于计量器具。如，14#和 16#两个牌号的仪表油。这两个牌号的仪表油具有良好的润滑性能和黏温性能，运动黏度（50℃时）分别为 5mm^2/s ～28mm^2/s 和 0～25mm^2/s，具有优良的防锈能力、热稳定性高、蒸发损失小、适用温度范围宽等特点。适用于精密仪表、航空仪表轴承、微电机轴承、转动机构齿轮、摩擦部件和计量器具的润滑及防锈。适用温度范围 −60℃ ～ +120℃。

注意：使用时，应将使用对象部位清洗干净，吹干后，用干净的小刷子刷涂油脂；启用后，应及时将瓶盖盖严，避免混入灰尘和杂质影响使用。

（3）一般应急防锈油

当上述专用较高级的防锈油或普通用防锈油无法及时取得，而计量器具又必须马上涂抹防锈油防锈时，采用一般应急防锈油使用。

一般应急防锈油主要可就地取材，使用产品用防锈油或设备用 32#～68#液压油（图 7−9 所示）对计量器具进行防锈处理。

应急防锈油可采用普通产品用防锈油如常见的一坪牌 4201 防锈油（F403）或 4202（F404）防锈油。

3. 防锈油的涂抹频次

（1）使用中的计量器具所用防锈油的更换频次应使用后擦净，立即更换防锈油。

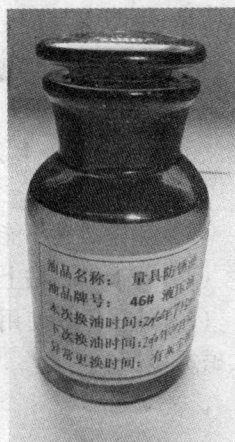

图 7−9　防锈油

（2）不频繁使用或较长时间不用的计量器具，防锈油的更换频次应按下述规则进行：

① 每周至少点检一次，当发现量具表面的防锈油有黑痕或变黑时，应立即擦净污染的油，更换新的防锈油。

② 当发现量具表面的防锈油有目视可见灰尘且达 10% 以上时，应立即擦净污染的油，更换新的防锈油。

③ 当发现量具表面的防锈油已干硬呈"壳状"时，应立即擦除硬化的防锈油，更换新的防锈油。

4. 计量器具的防振

1）振动对计量器具的危害

若无防振、防磕碰的措施，指示表的轴尖、游丝、齿轮及精密量规、量仪将在运输途中或使用中，受到严重损伤而出现刚检定合格拿回使用不正常或者产生严重误差，甚至造成提前报废。

2）计量器具防振方法

量具运输时用泡沫或干净棉布或软透明塑料布等材料将量具包裹，防振、防磕碰。

量具使用中，不允许摆放在机床上面或有振动的地方。

六　防酸、碱腐蚀

（1）计量器具不能放置在有酸、碱液及酸、碱雾的地方；

（2）若不小心粘上酸、碱液，应立即擦净；

（3）计量器具使用完毕，擦净并涂上防锈油，装入量具盒内防止酸、碱雾侵蚀。

七　简单测量工具的管理

1. 管理背景

国家质量技术监督总局发布了《计量器具目录》，车间的简单的检测工具、工装管理未列入其中,实际工作中应参照计量器具的管理,具体采用"量值溯源"方法管理。

2. 量值溯源

"量值溯源"指产品和工具、工装的检验数据是由工作计量器具测量的,而计量器具是由企业最高计量标准检定或校准的,企业计量标准是由国家计量基准所检定的,国家基准是由国际计量基准所检定或量值传递的,这样一级一级量值追溯,即为"量值溯源",正因为有计量量值朔源管理,才使全世界的零部件有了通用的可能性。

3. 管理方法

"量值溯源"管理方法是指,计量部门校准计量器具,车间用计量器具检查简单的测量工具、工装,用测量工具检查产品,这样由产品到工具、工装到量具逐级溯源到计量标准。

4. 管理的程序步骤

检测工具、工装的"量值溯源"管理步骤如下:

(1) 设定标准:指车间部门根据产品或用户的质量要求,设定检测工具、工装的技术质量检查项目及设定公差,包括长度尺寸公差、位置度公差或外观质量要求等。

(2) 制作检具:指车间部门根据产品或用户的质量要求及技术质量项目及设定公差,制作简单的检测工具工装。

(3) 量具检查:指车间部门根据设定的项目及技术要求,使用经计量部门检定或校准合格的计量器具来检查简单的测量工具工装。

(4) 检查记录:应设置定期检查频次、记录数据。记录挂于工具工装旁备查。

(5) 检具标识:打印出简单测量工具工装的名称标识,贴于专门的盒内。如"后盖油封座单边宽度检具"(检测工具工装应编编号、车间建台账)。

(6) 文件固定:指简单测量工具及检查项目应当进入编制的作

业文件使之固化。

5. 极限样本的管理

（1）极限样本指针对质量控制过程中依靠操作者感官判断的检查项目及比较项目,为了防止个体差异,统一判断标准而制作的实物比照检查标准。

（2）管理方法:编制《极限样本管理制度》。

（3）操作步骤:

① 车间技术人员根据生产质量控制过程的目视检查需要、按照工艺要求制作;

② 制作《限度样本标识》,包括名称、内容、工艺简述、有效期等;

③ 标识经相关组长(科长)会签,部门领导审核批准后生效;

④《限度样本标识》复印两份,原件贴于限度样本旁,复印件存车间,与限度样本台账一起存档;

⑤ 每日点检,有效期满确认检查,若达不到要求重新制作。

附:限度样本标识。

限度样本标识
样本编号:渝 A – 2010 – 01
限度样本名称:轴油孔倒角限度样本
制作时间:2010 年 6 月 10 日
限度样本内容:油孔倒角实物样本
工艺(简述):工艺要求倒角 0.3 ~ 0.7 × 45°
制作人:× ×   审核:× ×   会签:× ×
有效期 1 年 管理者:× ×   批准:× ×

参 考 文 献

[1] 内藤正. 工业测量方法手册[M]. 北京:中国标准出版社,1987.

[2] 日本新技术开发中心. 工厂精密测量指南[M]. 徐孝恩,朴大植,译. 北京:中国计量出版社,1986.

[3] 谷口修. 计测工程学[M]. 黄诗翘,等译. 北京:中国计量出版社,1985.

[4] 中国汽车工业总公司. 汽车产品质量检验评定[M]. 北京:机械工业出版社,1991.

[5] 袁先富. 企业质量管理的计量保证[M]. 北京:中国计量出版社,1993.

[6] 高汉文,任颂赞. 工厂理化测试手册[M]. 上海:上海科学技术文献出版社,1994.

[7] 柳泽燕,王玲君,刘宝石,等. 金属材料物理试验方法标准汇编[M]. 北京:中国标准出版社.

[8] 刘常满. 温度测量与仪表维修问答[M]. 北京:中国计量出版社,1986.

[9] 杜荷聪,陈维新,张振威. 计量单位及其换算[M]. 北京:中国计量出版社,1982.